# 正宗的意大利餐教科书

你也能做出正宗的味道哟！

（日）青木敦子 著
颜冰 译



Standard

辽宁科学技术出版社
沈 阳

# 前言

即便在家里，也能做出顶级的培根蛋酱意大利面或是玛格丽特比萨。

## 意大利菜的始祖其实就是家庭料理

大约15年前开始，在西餐馆享受正宗的意大利菜已经是司空见惯的了。但是，能够在自家厨房里再现这种地道味道的人，却是少之又少吧？其实，只要掌握了窍门，在自家厨房里做出顶级的培根蛋酱意大利面、玛格丽特比萨或博洛尼亚千层面等菜肴，也并没有想象的那么难。之所以这样说，是因为意大利菜原本就是来源于家庭菜肴。

在意大利，各家各户一代代人做出来的菜肴，变成了地方特色菜。即便是现在，这种地方菜仍然扎根于各地。所谓的意大利菜，并非是单一的菜系，而是各种地方菜肴的总称。这种扎根于家庭的意大利菜肴，都可以在自家厨房里轻松制作出来。

意大利直到大约150年前统一为止，各地区都是作为独立的国家而存在的，因此，时至今日，意大利菜也没能像日餐那样，作为单一菜系进化而来，而只能作为各种菜肴的综合体演变至今。

## 正宗味道完美出炉的『料理教科书』

不仅有妈妈做的意式家常菜，还有意大利小餐馆所拿出的人气菜单，本书中所介绍的都是最地道的意大利菜。

只要按照书中的食谱来进行操作，就能做出让人无可挑剔的正宗味道。因为其前身就是家常菜，所以做起来也并没有多难。首先要读好菜谱，然后尝试边看图片边操作。

在中国和在意大利能弄到的食材多少会有些差别，因此在选择食材时需要有所调整，这样才能保证在中国也能顺利做出正宗的意大利菜。例如：用干的牛肝菌来代替很难弄到的新鲜的牛肝菌，类似这样的调整。

在按照书中的菜谱尝试做菜的过程中，自然地就能够掌握意大利菜的基础了。弄懂了基础，即便只是利用冰箱里现成的食材，也能做出正宗的意大利味道了。

周围人会惊讶于你厨艺的提升，就连招待客人的场合，你也能充满自信地做出正宗的意大利菜。还在等什么？快来试试吧！

①

②

③

④

⑤

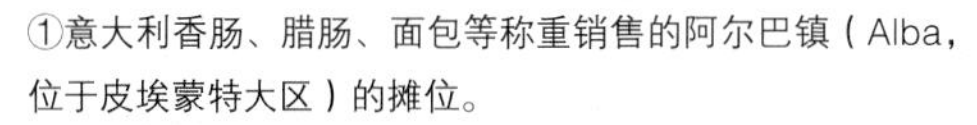

⑥

①意大利香肠、腊肠、面包等称重销售的阿尔巴镇（Alba，位于皮埃蒙特大区）的摊位。

②佛罗伦萨的火腿专卖店。可随意挑选喜欢的部位，购买所需的重量。意大利的店基本都是称重销售。

③都灵的商品展览会。都灵的奶酪，再加上都灵的葡萄酒，合起来就是意大利流派。

④摊位上陈列着的各种新鲜的蔬菜。作为农业国的意大利，蔬菜种类尤其丰富。

⑤称重销售干牛肝菌的地方。就像干香菇一样，是意大利料理中经常出现的食材。

⑥所谓意大利菜其实就是乡土菜肴。无论是小餐馆中赠送的烤面包片还是猪肉意大利面，都是充分利用了原材料的自然纯朴的味道。

Contents

# 目录

第三部分

从长面条到意式饺子共22种

## 意大利面

第四部分

做起来才发现其实很简单！只要一盘就能吃得很满足！

## 比萨、意式烩饭、汤

# Contents

第五部分

意大利菜也是乡土菜肴。即便是主菜也是既简单又美味！

## 海鲜盘、肉盘

第六部分

衬托主菜的肉盘和海鲜盘

## 配菜

第七部分

从提拉米苏到果子露冰激凌，
为你介绍9道人气甜点的制作方法！

## 甜品

# 本书的使用方法

**烹调时间**

烹调时间是参照基准。干燥食材泡发的时间、放凉和凝固等时间通常是不计算在内的。不包含在内的时间都已个别加以标注。

**原料**

基本上都是2人份的食材。根据菜品不同，也有4人份或是容易制作的量。

**引言部分**

介绍这道菜品的历史背景以及名称由来、味道特点等。

**做法**

用图片来介绍菜肴的制作步骤。为了让大家看得更明白，有的部分还配以插图加以介绍。

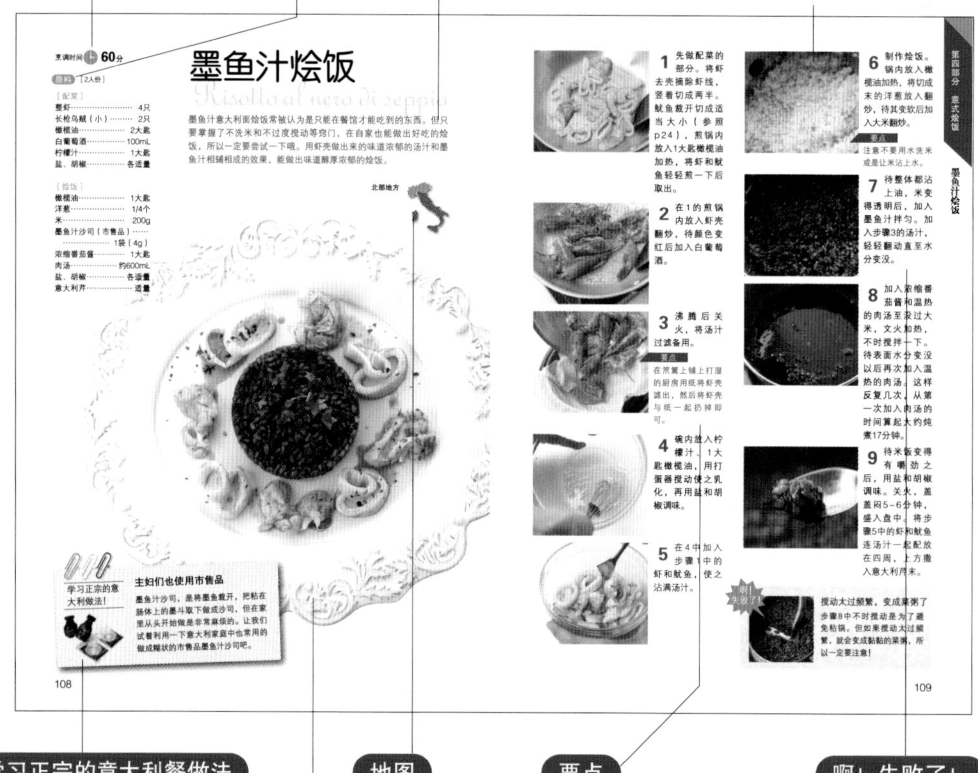

烹调时间 60分

原料 [2人份]

[配菜]

整虾……4只
长枪乌贼（小）……2只
橄榄油……2大匙
白葡萄酒……100mL
柠檬汁……1大匙
盐、胡椒……各适量

[烩饭]

橄榄油……1大匙
洋葱……1/4个
米……200g
墨鱼汁沙司（市售品）……1袋（4g）
浓缩番茄酱……1大匙
肉汤……约600mL
盐、胡椒……各适量
意大利芹……适量

## 墨鱼汁烩饭

Risotto al nero di seppia

墨鱼汁意大利面烩饭常被认为是只能在餐馆才能吃到的东西。但只要掌握了不洗米和不过度搅动等窍门，在自家也能做出好吃的烩饭，所以一定要尝试一下哦。用虾壳做出来的味道浓郁的汤汁和墨鱼汁相辅相成的效果，能做出味道醇厚浓郁的烩饭。

北部地方

学习正宗的意大利做法！

**主妇们也使用市售品**

墨鱼汁沙司，是将墨鱼裁开，把粘在肠体上的墨斗取下做成沙司，但在家里从头开始做是非常麻烦的。让我们试着利用一下意大利家庭中也常用的做成糊状的市售品墨鱼汁沙司吧。

108

1 先做配菜的部分。将虾去壳摘除虾线，竖着切成两半。鱿鱼裁开切成适当大小（参照p24），煎锅内放入1大匙橄榄油加热，将虾和鱿鱼轻轻煎一下后取出。

2 在1的煎锅内放入虾壳翻炒，待颜色变红后加入白葡萄酒。

3 沸腾后关火，将汤汁过滤备用。

要点

在笊篱上铺上打湿的厨房用纸将虾壳滤出，然后将虾壳与纸一起扔掉即可。

4 碗内放入柠檬汁、1大匙橄榄油，用打蛋器搅动使之乳化，再用盐和胡椒调味。

5 在4中加入步骤1中的虾和鱿鱼，使之沾满汤汁。

6 制作烩饭。锅内放入橄榄油加热，将切成末的洋葱放入翻炒，待其变软后加入大米翻炒。

要点

注意不要用水洗米或是让米沾上水。

7 待整体都沾上油，米变得透明后，加入墨鱼汁拌匀。加入步骤3的汤汁，轻轻翻动直至水分变没。

8 加入浓缩番茄酱和温热的肉汤至没过大米，文火加热，不时搅拌一下。待表面水分变没以后再次加入温热的肉汤。这样反复几次，从第一次加入肉汤的时间算起大约炖煮17分钟。

9 待米饭变得有嚼劲之后，用盐和胡椒调味。关火，盖盖闷5~6分钟，盛入盘中。将步骤5中的虾和鱿鱼连汤汁一起配放在四周，上方撒入意大利芹末。

啊！失败了！

**搅动太过频繁，变成菜粥了**

步骤8中不时搅动是为了避免粘锅。但如果搅动太过频繁，就会变成黏黏的菜粥，所以一定要注意！

第四部分 意式烩饭

墨鱼汁烩饭

109

**学习正宗的意大利餐做法**

介绍如何才能做得更好吃的窍门、快速制作的窍门以及独特的食材等。

**地图**

经常制作这道菜品的地区，会用绿色表示出来。

**要点**

这道工序中的重点，目的是为了做得好吃。

**啊！失败了！**

教给大家避免失败的窍门。

**菜品照片**

菜品的成品照片，没有标注的通常为1人份（甜品除外），如果是2人份的会用“★图片是2人份”加以明确地标记。

- 1杯是200mL，1大匙是15mL，1小匙是5mL。
- 黄油是不含盐分的，橄榄油指的是特级初榨橄榄油。
- 面粉指的是低筋面粉。如果是高筋面粉，会特别标明“高筋面粉”。
- 干辣椒都是把种子去除以后使用（参照p22）。
- 肉汤指的是意大利语中的“bouillon（用肉类、骨头、鱼类和香辛料一起熬出的高汤）”。100mL肉汤是指将市面上销售的固体汤料的1/3个溶解于100mL的热水而成的清汤。300mL肉汤就是将一整个固体汤料溶解后的清汤。此外，“牛肉汤”的话，就是将市面上销售的牛肉固体汤料溶解而成的。

第一部分

## 掌握意大利餐制作基础，提高料理水平

# 意大利菜之“源”

介绍意大利菜肴中必不可少的食材和厨具，并总结一下经常使用的沙司的做法以及食材的处理，也包括意大利面的煮法、比萨生面饼的做法等。该部分可以从头读起，也可以在做菜的时候根据需要挑选着来看。只要抓住了基本，料理水平就能提高，让我们来灵活运用吧。

Le basi della cucina italiana

Ingredienti

## 意大利面、蔬菜、调料、香辛料、奶酪等

# 备齐意大利料理的食材

尝试收集意大利菜中常用的食材，从中餐中也常能见到的食材，到意大利菜肴独有的食材，种类繁多。之所以有如此多种多样的食材，是因为意大利南北狭长，地形、气候各不相同，各个地域都使用当地特有的食材。虽然有的食材我们并不熟悉，但在进口超市或网店都可以轻易买到，因此要充分备齐，来制作正宗的意大利风味吧！

## 意大利面

意大利面可以分为干面条和新鲜面条两类。
新鲜面条的历史悠久，
据说14世纪左右在家庭内就已经开始制作了。与此相反，
干面条的普及则是从1800年后在意大利南部的坎尼亚大区生产之后开始的。现在，意大利的家庭日常使用的都是干面条，
新鲜面条因为做起来费事，
所以通常在家族聚会的周末等特别日子里才能见到。

### 干面条
### ［长］

干面条根据其形状，可以分为长、短、扁3种。长面条在南意大利比较普及，是用杜伦小麦磨制的粗粒面粉里加入水和盐揉制而成。根据其粗细不同，名称也有变化，适合搭配的沙司也不同。需要注意的是用来做沙司原料的小块状食材，因为吃起来不方便，所以这样的食材要和短意大利面搭配食用。

**意大利实心面** *Spaghetti*

直径1.6～2.2mm，无论是浓稠的沙司还是清淡的沙司，都适合搭配食用，是最常见的长面条。也有加入墨鱼汁揉制而成的。比这种实心面细一圈，直径为1.2～1.6mm的意大利面是意式特细面条（Spaghettini）。适合搭配清淡的油底沙司或是番茄沙司。

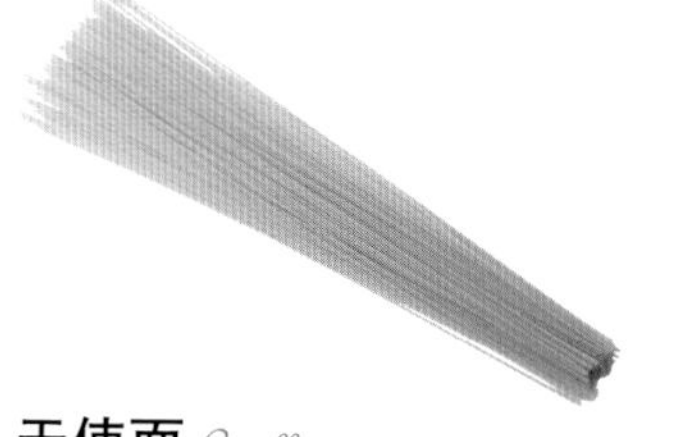

**天使面** *Capellini*

“Capellini”是“细如毛发”的意思，是意大利面中最细的一种，直径只有0.9mm。因为细面容易被沙司包裹，所以通常搭配比较清淡的油底沙司或番茄沙司。做成冷面也非常可口。

**扁面条** *Linguine*

如同实心面压扁了的形状，横截面为椭圆形。据说因其切口形状如舌头（lingua），故此得名。相比实心面形状扁平一些，因此更容易被沙司包裹。多搭配罗勒沙司食用，和奶油沙司、番茄沙司也比较搭。Q弹的口感是其魅力所在。

# 干面条
## [短]

在意大利，比起长面条，短面条更受欢迎。其形状、大小实在是变化多样，口感以及跟沙司的融合度也各具特性。此外，与长面条相比，它拥有着用较浅的锅也可以轻松烹煮以及易保持最佳口感的便利性。

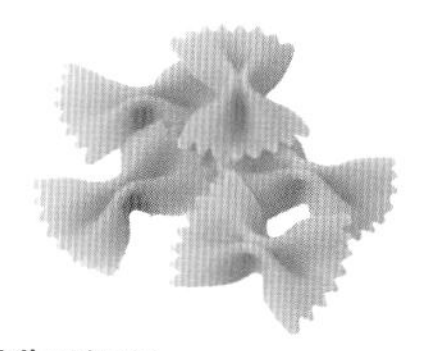

### 蝴蝶形面 *Farfalle*

呈蝴蝶状的意大利面。中间部分和羽毛部分的厚度不同，因此在煮面的时候，要试咬中间较厚的部分来确认面是否煮得恰到好处。

### 贝壳面 *Conchiglie*

贝壳形状的意大利面。正如其形状所示，适合搭配海鲜类。不仅可用作意大利面，也可以用于作为汤面上的配菜或沙拉食材。

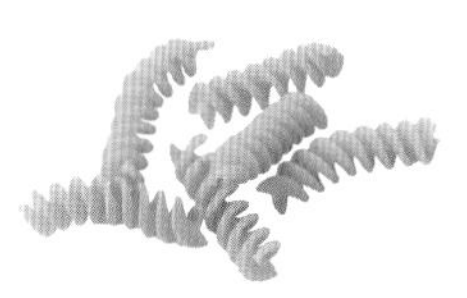

### 螺丝粉・螺旋面 *Fusilli*

螺旋形状意大利面，材质较厚、咬起来口感好。螺旋状旋转的部分能够很好地包裹沙司，因此可搭配各种沙司酱。

### 两头尖通心粉 *Penne rigate*

Penne是笔尖的意思，rigate是有筋道的意思。也就是说有筋道的笔管形意大利面。因其材质较厚，所以适合搭配浓稠的沙司。

### 小耳朵面 *Orecchiette*

意思是婴儿的耳朵，呈耳垂形状的意大利面。在意大利南部的普利亚大区经常被食用。

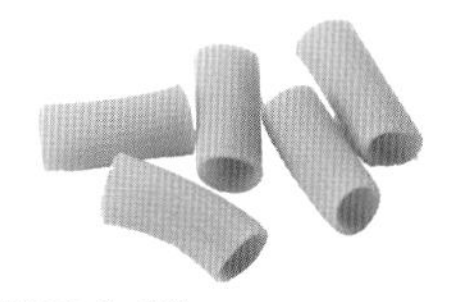

### 管状通心粉 *Rigatoni*

管状波纹中空厚质意大利面。里面塞入大量肉馅等食材，经常搭配浓稠的沙司食用。

### 车轮面 *Ruote*

“Ruote”是“车轮”的意思。常用于沙拉中或是浓汤上的配菜。也有在和面的过程中加入番茄汁或菠菜汁的品种。

### 面团 *Gnocchi*

用马铃薯和面粉制作的团状意大利面。为了包上沙司，表面带有纹路。也有用南瓜、菠菜、面包等制作而成的面团。

### 戒指形面・环形面 *Anelli*

直径1cm左右的极小的环状意大利面。经常用来作为汤面或是汤里的配菜。颗粒状的口感非常美味。

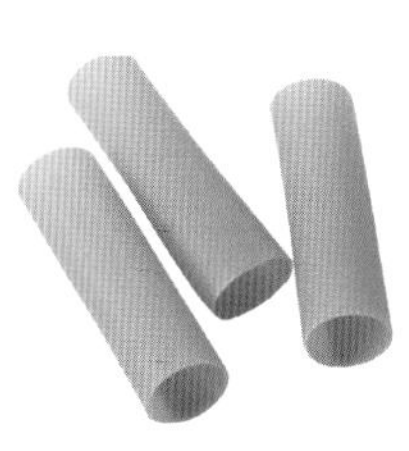
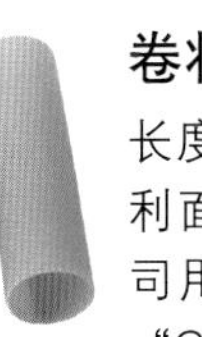

### 卷状通心面 *Cannelloni*

长度大约为10cm的大型筒状意大利面。在其中塞入食材、浇上沙司用烤箱烤出来的菜品也被称作“Cannelloni（烤碎肉卷）”。

上图为都灵展示会上展示的将新鲜意大利面悬挂在意大利面干燥架上醒发并使其干燥的过程。

# 干面条
## [扁]

面条较宽且形状扁平的意大利面原本是意大利北部经常食用的意大利面。根据面条宽度不同，名称也各有不同。从2~3mm宽的宽扁面到像意大利千层面那样的板状面条，虽然都被称作“扁面”，但其种类实在是多种多样。窄一点的面条适合搭配清淡的沙司，而较宽的面条适合搭配浓稠的沙司。

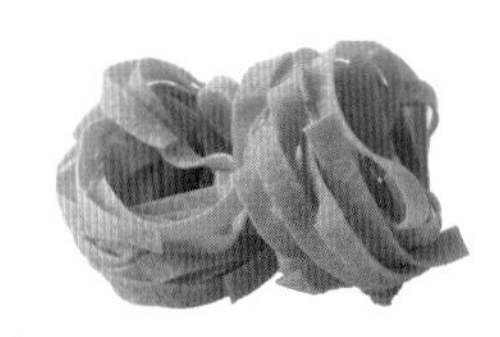

**宽面** *Fettuccine*

宽度为6mm的丝带状意大利面。加入鸡蛋制作而成。适合搭配奶油沙司或味道鲜明的番茄沙司等。比其宽度稍窄一点，大约为4mm宽的面条被称作扁面条（tagliatelle）。

**意大利千层面** *Lasagne*

即便在宽面条当中也算得上是最宽的意大利面了。代表性的菜品是和其名字相同的“Lasagne（博洛尼亚千层面）”，是在面条中加入奶油沙司、肉酱沙司和奶酪，用烤箱烤制而成。正因为面条较宽大，所以即便搭配两种口味强烈的沙司酱也感觉势均力敌、相得益彰。

**宽扁面** *Tagliolini*

比扁面条（tagliatelle）更窄一点的是宽扁面（tagliolini）。宽幅为2~3mm，加入鸡蛋制作而成。和口味偏轻淡的鲜奶油沙司或是鲜虾沙司搭配比较可口。

# 新鲜面条

新鲜面条的魅力，在于干面条所不具备的筋道口感。与干面条相比，在形状、大小方面更富于变化，这也是其魅力之一。因地域不同而引起的差异非常明显，大致可以分成扁面条和短面条两大类。本书中也将按照这两种类型来介绍意大利面的制作方法。

## [扁面条]

**宽面** *Fettuccine*

**意大利千层面** *Lasagne*

**卷通心面** *Cannelloni*

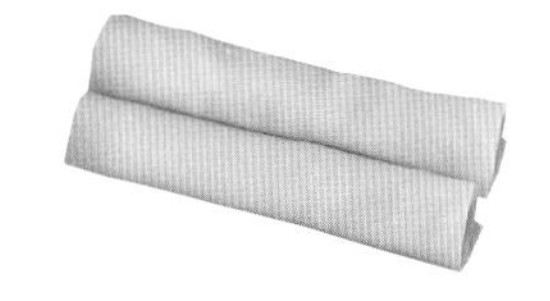

## [短面条]

**面团** *Gnocchi*

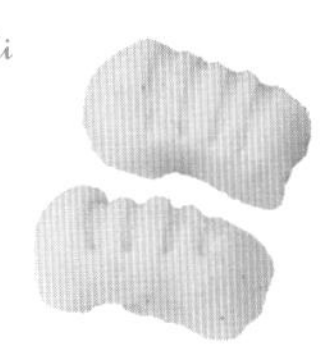

**意式饺子** *Ravioli*

里面塞入了肉和蔬菜的意大利面。除了方形以外，还有三角形、圆形等各种形状。

### 意大利面和沙司的搭配法则

虽然都称作意大利面，但是从很大的到米粒大的，从粗的到极细的，实在是种类繁多。搭配如此多样的意大利面的沙司，当然也就有适合不适合之分了。

基本来说，大的或有一定厚度的意大利面，面条本身的存在感较强，更适合搭配浓稠的肉酱或是奶油沙司。与此相反，小的或细的面条那种越是纤细的越适合清淡的油质沙司或黄油类沙司等。此外，唯独番茄沙司适合搭配各种意大利面。

# 蔬菜·水果·蘑菇

意大利气候水土变化多样，光照充足，土壤肥沃，
美味的蔬菜、水果、蘑菇种类齐全。
虽然不像中国的那样外形匀称，但其味道浓郁，
能够品尝到食材原本的味道。利用蔬菜、水果、
蘑菇制作的传统菜肴遍布各地，这是其最大的特点。
发源于西西里岛的西西里烩茄子、香橙沙拉，还有代表了皮埃蒙
特大区的特色菜香蒜鳀鱼时令鲜蔬等都是非常有名的。

### 绿皮密生西葫芦

原产阿拉伯的蔬菜，现在意大利全国种植。通常不生食，而是以烤、炸等方式加热食用（参照p50）。

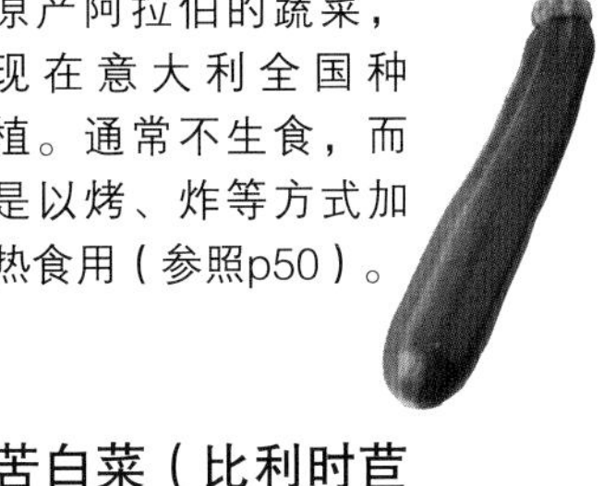

### 苦白菜（比利时苣荬菜）

菊科，需避光培育。生食用于前菜，或轻微焯水去其涩汁用于炖菜。

### 香橙

不仅可以作为水果食用，还常用于制作沙拉或鱼类菜肴。在添加香味或去除膻味方面也颇具效果（参照p49）。

### 干牛肝菌

名产地为意大利的艾米利亚·罗马涅地区，同干香菇一样，用水泡发后使用，泡发的水也可使用。香味浓郁，常用于意大利面、意式烩饭、汤、炖菜等。

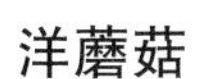

### 甜椒

虽然和辣椒是同类，但并没有辣味。也没有青椒的青草味道，肉质厚、味道甜，适合食用。烤至全黑去皮将其甜味引出，这种烹饪方法非常有名。也是泡菜中必不可少的食材（参照p152）。

### 紫洋葱

在意大利多是加热烹调食用，和大蒜一样，常用于去除膻味或添加香味。

### 韭葱（法国大葱）

比普通的葱味道甜些，常用于煮汤或烤干酪等菜肴。以前价格很贵，现在在中国也能轻松买到了。

### 洋蘑菇

在意大利最常使用的一种蘑菇。用于前菜和沙拉、配菜等。

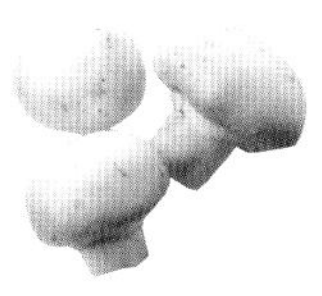

### 番茄

在意大利料理中频频出现的蔬菜。意大利有可以生食的番茄和细长的需要再加工后熟食的番茄，熟食番茄拥有绝对性的市场占有率。喜欢做菜的主妇当中，甚至会有人将应季的熟食番茄一次性购入，亲手制作一年份的番茄沙司。此外，使用番茄制作的速食食品也有很多，例如有水煮整番茄罐头、原味番茄酱、浓缩番茄酱（参照p153）、番茄干、油渍番茄干等。

番茄干

水煮整番茄罐头



油渍番茄干

### 茄子

和番茄一样是意大利料理中必不可少的蔬菜。有名的前菜西西里烩茄子就是将茄子和番茄一起烹煮的菜肴。同样是经典前菜的奶汁烤干酪焗菜的主要食材也是茄子，将炸好的茄子、番茄沙司、奶酪放在一起焗烤而成。不仅是长茄子，比较粗短的圆茄子也经常被使用。

### 青葱

和洋葱、大蒜一样，香气浓郁，作为香味蔬菜，用于添加香味或去除膻味。

# 调料·香辛料·香草

意大利菜中主要使用的调料是盐、胡椒、醋再加上橄榄油，
简单得出人意料。据说这是为了激发食材本身的味道。
另一方面，香辛料和香草种类却是多种多样。
香辛料和香草类在去除食材的异味、提升菜肴味道、
润色出更正宗的味道方面颇具效果。因为意大利菜肴的奥妙之一
就在于此，意大利的主妇们
能够配合不同的菜肴完美地将这些调料运用自如。

## 橄榄油

不仅可以用来当作调味汁，还可以作为调料，浇在鱼类、肉类、蔬菜上面食用。对于用奶油煎炒的料理、烤肉和油炸食品来说也是必不可少的。橄榄油可以分为特级初榨橄榄油和纯橄榄油等，建议使用特级初榨橄榄油。因其是初次榨取，味道和香气都是其他橄榄油不能比拟的。照片中的都是特级初榨橄榄油，分别是代表意大利北部、中部、南部的品牌和日本的小豆岛生产的名品。

马西酒庄·塞若阿利吉耶（SEREGO ALIGHIERI）特级初榨橄榄油Ⓐ

最具北意大利风格的一流味道。味道清淡，辣味较轻，有着果实的味道。橄榄果由意大利诗人但丁的子孙塞若阿利吉耶伯爵家的庄园种植。

巴地亚·阿柯蒂布安诺（BADIA A COLTIBUONO）特级初榨橄榄油Ⓑ

代表托斯卡纳（中部地区）的葡萄酒庄制造的最高级的橄榄油。辣味强烈，有香味，同时也有果实的味道。

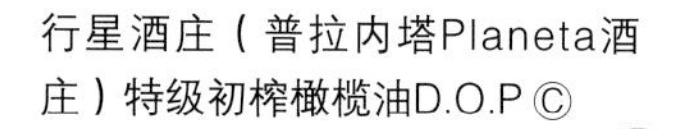

行星酒庄（普拉内塔Planeta酒庄）特级初榨橄榄油D.O.PⒸ

代表西西里岛（南部地区）的葡萄酒庄行星酒庄（普拉内塔酒庄）生产的D.O.P（原产地保护认证）橄榄油。将早期采摘的橄榄在3小时以内压榨制造而成。其特点是呈鲜绿色并有着新鲜的香味。

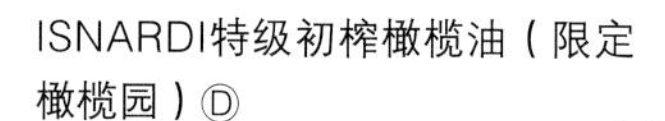

ISNARDI特级初榨橄榄油（限定橄榄园）Ⓓ

味道柔和，可以随意搭配任意菜肴。只使用最适合种植高级品种塔加斯卡（TAGGIASCA）的田地里收获的橄榄果压榨而成。塔加斯卡（TAGGIASCA）橄榄是只在北部利古里亚（Liguria）大区因佩里亚生长的贵重品种。

TOLEA特级初榨橄榄油（手工摘取）Ⓔ

日本产的橄榄油。其特点是有着嫩草的香味和新鲜的味道。其生产商东洋橄榄油公司，有着50年的历史，橄榄油产量日本第一。

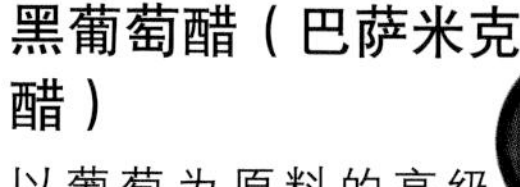

## 黑葡萄醋（巴萨米克醋）

以葡萄为原料的高级酿造醋。大致可分为传统方法生产的“传统香醋（Tradizionale）”和“普及类型”两种。能够标榜为传统香醋的，只有严格遵循法规生产的至少发酵超过12年并得到协会认定才得以上市的陈醋。特陈醋（Extravecchio）（如图）是指发酵超过25年的陈醋。其瓶体形状也受到法律规定并标注了序列号（参照p59）。

## 红葡萄酒醋·白葡萄酒醋

由葡萄酒醋酸菌发酵而成，跟谷物醋相比，酸味更浓烈。用白葡萄酒制作而成的白葡萄酒醋酸味更浓，红葡萄酒醋则回味绵长。白葡萄酒醋适合做海鲜菜肴或泡菜，红葡萄酒醋则适合搭配各种菜肴。

## 海盐

因为意大利被5个海包围，所以其食用盐几乎都是海盐而非岩盐。尤其以有着2000多年历史的西西里特拉帕尼产和亚得里亚海的福贾产的海盐最为有名。

## 黄油

在意大利菜中，一般使用不含盐分的黄油。黄油不是用来增加咸味儿，而是用于使味道更浓郁、更美味、更黏稠。当手头只有含有盐分的黄油时，要注意控制盐的用量，还要注意不要烟锅。

## 刺山柑（续随子）

刺山柑（山柑科·白花菜科低矮灌木）的花蕾腌制而成。也有的商品是去除盐分用醋或油浸泡而成的。非常适合搭配海鲜类和番茄，经常用于添加香味或装饰菜品。也经常磨碎了添加到沙司中用于提味。

## 胡椒

是一种从古罗马时代就开始使用的香辛料。意大利料理中经常使用的是味道浓郁的黑胡椒。准备好粒状黑胡椒，利用研磨瓶研磨。像奶油沙司那样需要做出白色成品的时候，就使用白胡椒（参照p64）。

## 橄榄

通常使用的有鲜嫩的绿橄榄和成熟的黑橄榄。烹调使用的时候，若想使味道清淡一些就使用绿橄榄，若想增加甜味使味道更醇厚就使用黑橄榄。也可直接作为葡萄酒的下酒菜食用。

## 大蒜

用于去除肉和鱼中的腥味，使味道更好，是意大利料理中代表性的香辛料。从罗马时代开始就一直被使用，现在意大利全国都有生产。配合不同的菜肴会将大蒜或压碎或切末或切片使用，但最能发散其香味的是将大蒜压碎破坏其纤维的做法。另外，大蒜一般不生食。

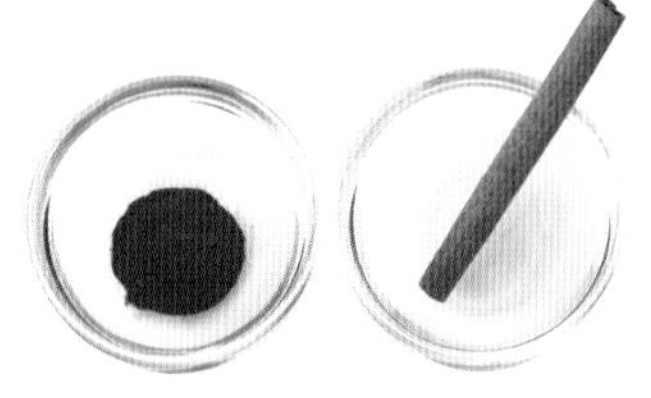

## 肉桂

楠木科常绿乔木，将肉桂树的树皮晒干而成。有甜味和些许辣味，经常用于甜品和烹煮肉类等。也用于增加卡布奇诺的味道。

## 干辣椒

是一种经常和大蒜一起使用的香辛料。在意大利，辣椒的种类繁多，有2~3cm长的极小的品种，也有被误认为是番茄那样的品种。干辣椒很容易过热，所以一般认为用温火炖比爆炒更能给橄榄油增加香味。

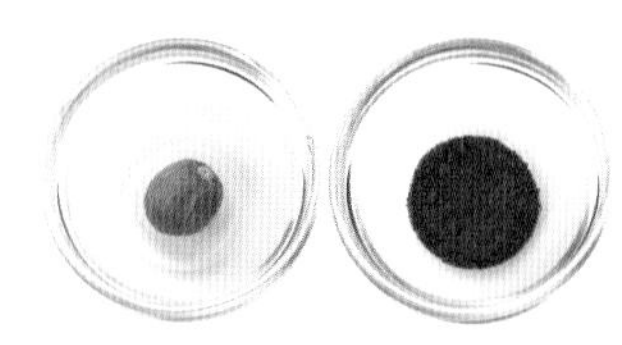

## 肉豆蔻

肉豆蔻科常绿乔木肉豆蔻的种子核，是意大利菜中频繁使用的香辛料之一。经常用于肉菜、意大利面和甜品。虽然粉末状的使用方便，但每次烹调时当场将肉豆蔻种子研碎使用，香气会更浓郁。

## 番红花（藏红花）

由番红花的雌蕊前端干燥而成。因收获量少，故价格偏高。使用番红花的代表性菜肴有“炖小牛胫”的配菜“米兰风味烩饭”（参照p110）等。也经常用于意大利面沙司或海鲜汤中。

## 香草

意大利菜中最常使用的香草有迷迭香、鼠尾草、百里香这3种，在本书中也会多次出现。罗勒和牛至也经常用于比萨中。

罗勒（basil）
搭配番茄较好。

百里香（thyme）
适合海鲜类或蔬菜。

鼠尾草（sage）
适合肉类（参照p46）。

迷迭香（rosemary）
适合鱼类和肉类。

小茴香（dill）
经常用于鱼类菜肴。

薄荷（peppermint）
适合甜品和入茶。

牛至（oregano）
适合搭配番茄。

芝麻菜（rucola）
适合搭配番茄。

香叶（laurier）
经常用于炖菜。

虾夷葱（ciboulette，chive）
用于鱼类、蛋类和沙拉。

# 奶酪

随着罗马帝国的日益繁盛，扩展到整个意大利的可以说是意大利的奶酪。从那时起直至今日，人们不断生产出当地特有的奶酪。
北部地区养牛，因此多数是用牛乳制作的浓厚的硬质奶酪。
中部地区养羊，通常可见的就是以羊乳制作的佩科里诺干酪（羊乳干酪）。南部地区饲养羊和水牛，因此几乎都是用羊乳和水牛乳制作的清淡的新鲜的奶酪。

## 塔雷吉欧乳酪

其特点是有着强烈的香甜味道。在表面培育出青霉，内部有乳脂形成。是第一次世界大战后出现的新品奶酪，为D.O.P指定，原产地是伦巴第大区的塔雷吉欧山谷。

## 佩科里诺干酪

用羊乳制作的奶酪的总称。像佩科里诺·罗马诺奶酪、佩科里诺·托斯卡纳奶酪等，都是将产地的名字加在其后。可以擦成碎屑撒在意式烩饭和意大利面上，也可以直接食用。在意大利初夏时节，经常将其和新鲜的蚕豆一起食用。

## 戈尔贡佐拉干酪

9世纪末，在米兰附近的戈尔贡佐拉村生产的奶酪。名列世界三大蓝乳酪之一。有咸味儿浓郁辛辣口感的和油脂粒香甜盐分青霉较少的“甜品”两种类型。经常用于意大利面和意式烩饭。

## 马苏里拉奶酪

由坎帕尼亚大区产的水牛乳制作而成的新鲜奶酪。现在有100%水牛乳、水牛乳和普通牛乳混合、100%普通牛乳3种。不含盐分，加热即溶。适合搭配番茄，也是制作比萨必不可少的原料。在坎帕尼亚大区和拉齐奥大区的指定区域，使用水牛乳，按指定做法生产的奶酪。

## 里科塔奶酪

是一种脂肪含量低，口味清淡的奶酪。可作为意式饺子馅或代替鲜奶油使用。是将奶酪制作过程中产生的乳清凝固而成。在意大利是价格低廉的一种奶酪，也可简单手工制作（参照p31）。

## 马斯卡普尼奶酪

味道浓郁的新鲜奶酪，乳脂肪含量达到70%以上，因常被用于制作提拉米苏（参照p174）而闻名。也用于意大利面沙司。原产地是伦巴第大区的洛迪和阿比亚泰格拉索地区。

## 帕尔玛干酪

属硬质奶酪，具有饱满的奶香味。擦成碎屑用于制作意式烩饭、汤等各种菜肴。从800多年前就开始食用，受到D.O.P（原产地保护称呼）法律的保护，管理过程严格，被称作“意大利奶酪之王”。只有在艾米利亚–罗马涅大区的帕尔玛、雷焦、艾米利亚等有限的几个地域，按照成法制作的奶酪，才能够冠以此名。此种奶酪中蛋白质含量最为丰富，维生素和矿物质含量也很高。可以用作婴儿断奶食品和保健营养食品。

位于帕尔玛地区的帕尔玛奶酪生产工厂。首先将牛乳加温，再加入凝固剂搅拌。把固体部分取出，放入模型内，去除水分。浇上盐水摆在架子上，使其长期发酵。香味浓郁的帕尔玛奶酪就是这样制作而成的。

Utensili

# 备齐意大利料理的用具

## 特别推荐意大利面专用煮锅！会让你更方便！

做意大利菜的时候，没有什么特别需要准备的用具。大多数菜肴用平时使用的锅和平底煎锅就可以制作了。但如果日常生活里经常做意大利菜的话，有一些专业用具还是会让你操作起来更方便、更快捷。至于新鲜意大利面，没有专业的意大利面机器是无法制作的，因此想要做的时候一定要提前做好准备。

### 意大利面专用煮锅

意大利面专用锅具。口阔且深，因此可以保证煮意大利面的时候不容易粘到一起。内外两层结构，面条煮好时，只需把内侧锅具拿出，就可以沥掉水分，而不必费事在水槽内放置笊篱沥水了。

### 捣碎器

将煮好的马铃薯捣碎，用于制作马铃薯泥沙拉或马铃薯面团等。

### 奶酪刨丝器

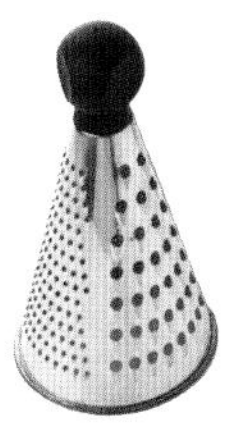

用中餐中的金属擦丝板也能擦碎，但还是专业的用起来更方便。意大利菜中，经常需要将固体奶酪擦碎，因此最好准备一个。

### 柠檬榨汁器

不只是甜品，普通的菜肴当中也经常加入柠檬汁或橙汁。比起用手拧，用榨汁器更省力气，还不会形成残留浪费。

### V形夹

煮面条的时候，或将意大利面和沙司拌匀的时候，或是煎大块肉、盛菜的时候，用夹子可以一次性地牢固抓取，非常方便。

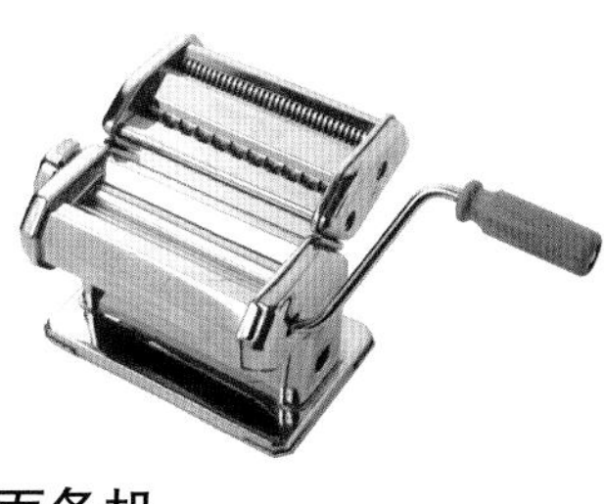

### 面条机

用于将新鲜意大利面的面团压薄并切成合意的粗细。用擀面杖也可以擀薄，但既费力气又花时间，因此制作新鲜意大利面的话，这个机器还是很有必要的。

### 比萨切刀

用于切分比萨时使用的专业刀具。虽然用菜刀也可以切，但比萨切刀用起来更方便，在客人面前分切比萨也显得很有品位。

### 切派刀

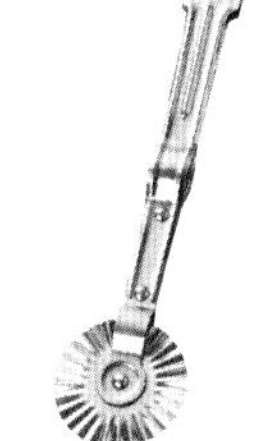

想要将意式饺子（ravioli）等周围切成好看的花边，就使用这种切刀。

### 蔬菜过滤器

只需转动把手，就可以将焯好的蔬菜简单地滤去水分。意大利菜中经常需要将整番茄罐头过滤，或将面包屑弄碎，这样的一台机器，可以有多种用途。

### 铝制平底煎锅

在意大利，很多家庭都使用铝制平底煎锅。重量轻、导热好，日常烹饪非常方便。

Salse e sughi i base

## 番茄沙司、肉酱沙司、奶油沙司

# 制作3种基本沙司

这3种沙司在制作意大利菜肴的时候，能应对各种菜品。虽然市面上也有销售的，但要想保证味道纯正，还是要手工制作。熬制需要花费很长时间，冷冻的话能保存1个月，因此可以一次性多做一些，这样就能轻松享受到正宗意大利风味了。因为一次性制作很多沙司能做出好的味道，从这一点来看也建议批量制作。

## 番茄沙司

秘诀是用文火将大蒜的味道慢慢烹煮至橄榄油中。然后将洋葱炒至蜜色，将其甜味析出。

材料 原料（方便制作的分量，大约400mL）

整番茄罐头400g，橄榄油2大匙，大蒜1/2瓣，洋葱1/2个，砂糖1/2小匙，盐1/2小匙。

1 将整番茄罐头过滤备用（参照p20）。

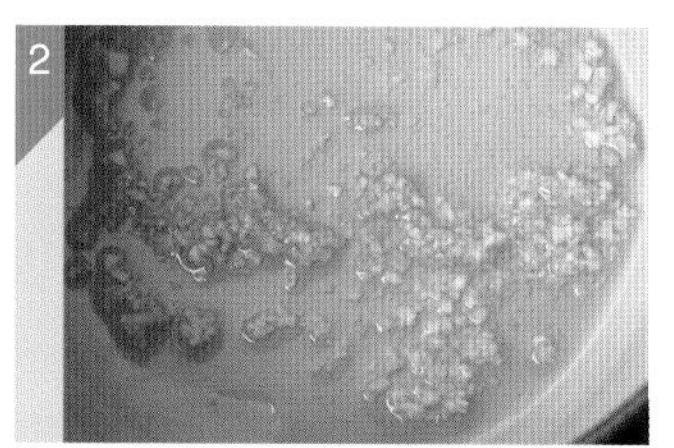

2 锅内放入橄榄油和切好的蒜末，文火加热，煸出香味。

3 加入洋葱末小火翻炒。

4 仔细翻炒至洋葱变为如图所示蜜色为止。

5 加入1和砂糖混合搅拌。

6 盖上锅盖用文火慢慢熬煮并不时加以搅拌。

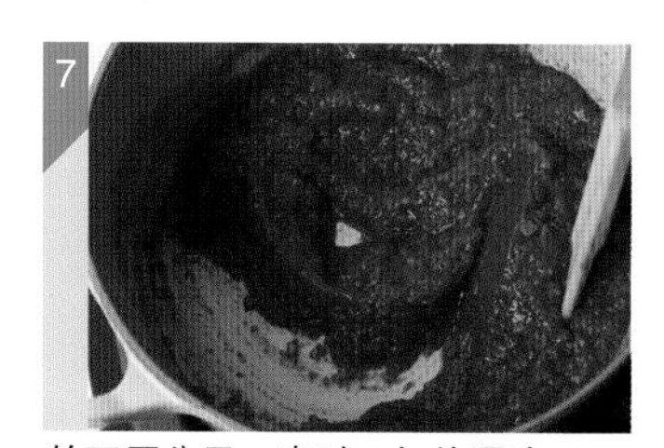

7 熬至原分量一半时，加盐调味。

8 原本水分较多的沙司变成如图所示黏稠状即可。

# 肉酱沙司

通过熬煮油和番茄的水分会融为一体。加入肉馅无须过度搅拌，保持肉馅块状残留，会让肉味更浓郁。

材料 原料（方便制作的分量，大约800g）

洋葱1个，胡萝卜1根，西芹1棵，非熏制咸猪肉（pancetta）50g，整番茄罐头500g，橄榄油2大匙，大蒜1瓣，混合肉馅250g，红葡萄酒100mL，意大利芹（切末）3大匙，肉豆蔻1小撮，盐、胡椒各适量。

1 洋葱、大蒜、西芹切末。非熏制咸猪肉剁碎。罐装整番茄过滤备用（参照p20）。

2 锅内放入橄榄油和切好的蒜末，文火加热，煸出香味。

3 加入1中的洋葱末、蒜末、西芹，充分翻炒。

4 盖上锅盖，焖10分钟，变成图片所示黏稠状即可。

5 加入1中的咸猪肉搅拌，待其充分融合后加入肉馅翻炒。

6 加入红葡萄酒转为大火，让酒精成分蒸发。

7 加入1中的番茄罐头、意大利芹和肉豆蔻，文火炖1~2小时，使其充分入味。

8 原本水分较多的沙司变成如图所示黏稠状后，加入盐、胡椒调味出锅。

# 奶油沙司

容易出现的粉面状态需要通过仔细翻炒来消除。牛乳要逐量加入，在加入过程中不断搅拌，这样就不会出现粉疙瘩，能够做出滑润的成品。

材料 原料（方便制作的分量，大约800mL）

黄油80g，面粉80g，牛乳1L，盐、白胡椒、肉豆蔻各适量。

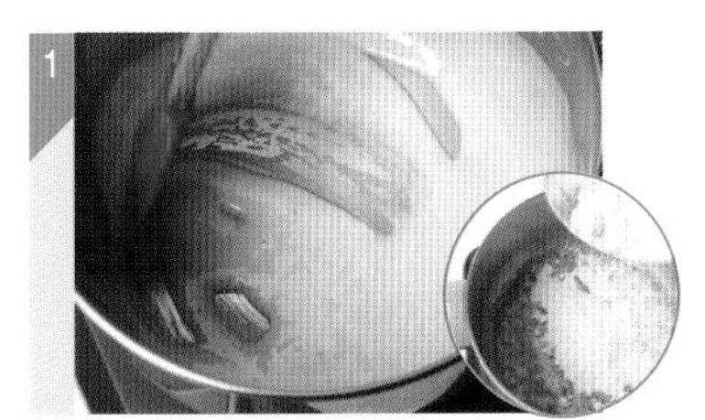

1 锅内放入黄油，用小火使之熔化。加入面粉，用橡胶铲一边搅拌一边翻炒。

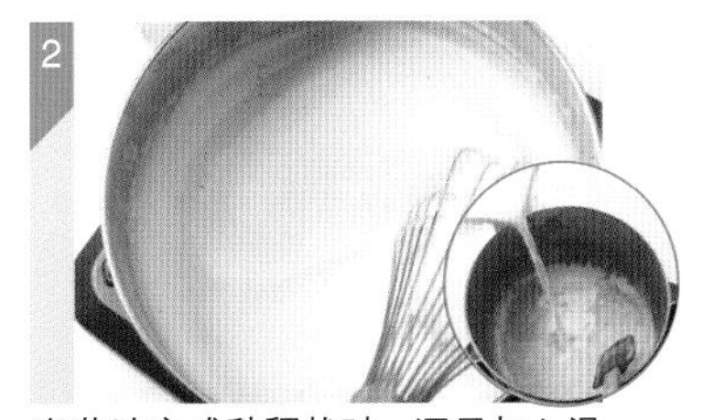

2 当黄油变成黏稠状时，逐量加入温牛奶，为防止粉疙瘩出现，换用打蛋器不断搅拌。

3 变成如图所示黏稠状后，加入盐、白胡椒、肉豆蔻调味出锅。

Verdure

## 只要花一点时间，就能将味道、香气、口感大大提升！

# 蔬菜的前期准备工作

这是意大利菜中经常会出现的『蔬菜的提前处理』方法。本书中也会经常出现，所以在这部分统一归纳一下要点。去除种子、筋络，去掉涩汁，各种蔬菜通过不同的处理方法，味道和外观都会有明显的提升。不管是粗枝大叶的意大利主妇，还是料理达人，都是必不可少的事前功夫。这是接近正宗味道的第一步，千万可别偷工减料哦！

## 用热水将番茄去皮

1 在番茄表面划开浅浅的十字切口。

2 将划开切口的番茄放入沸水中。

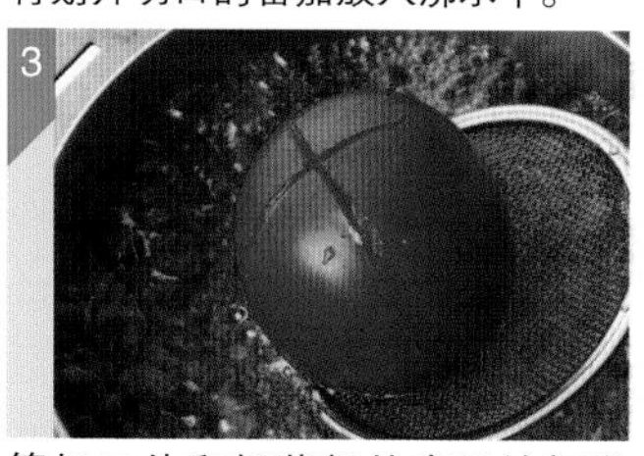
3 等切口处和根蒂部的皮开始打卷时，用漏勺将其取出。

4 立刻泡入冷水中冷却。

5 用手指抓住打卷部分，将皮全部剥下。

★去皮后的番茄，口感会变得更加顺滑。

## 去除番茄种

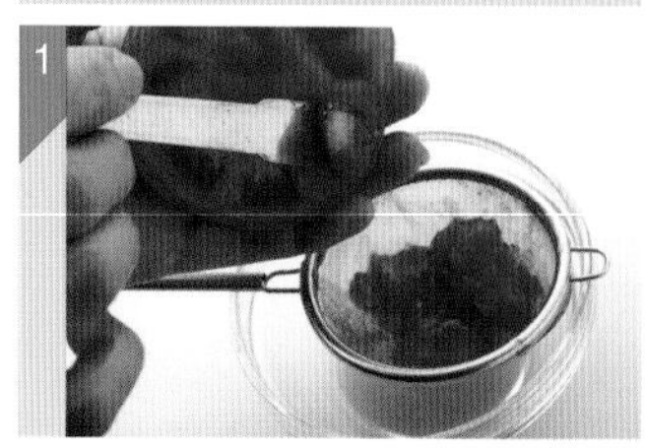
1 将番茄横向一切为二，将种子取出放入漏勺里。

2 用刮板将其捣碎并过滤，将种子去除。

★去除种子口感更佳。

## 将整番茄罐头用筛网过滤

1 把整番茄罐头倒入容器中，用手动搅拌器将其打成滑润的状态。

2 倒入漏勺中，用刮板过滤。

★没有手动搅拌器的话，可以用手将其弄碎，然后用漏勺过滤。

# 泡发番茄干

将番茄干浸泡在水中放置30分钟左右，使其恢复原状。

无须沥干水分，直接用保鲜膜包好。用微波炉加热20秒。

切成块状。

★番茄干是干菜，要泡发后才能使用。

# 去除西芹的筋络

用菜刀将坚硬的筋络去除。也可用削皮刀去除。

# 去除茄子中的涩汁

洗净后切成做菜使用的大小。

撒入盐（茄子重量的0.5%），充分搅拌。

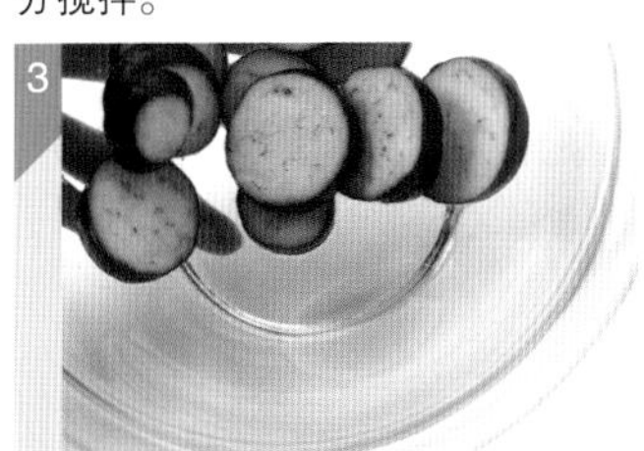

静置30分钟左右，涩汁就会析出。

用水快速冲洗。此处不要过度冲洗，以免茄子的鲜味消失。

用厨房用纸吸掉多余的水分。

★通过去除涩汁，茄子在烹调过程中就不会吸收多余的油分，会更加美味。

# 甜椒去皮

铁网加热后将甜椒放在上面，大火烧烤。

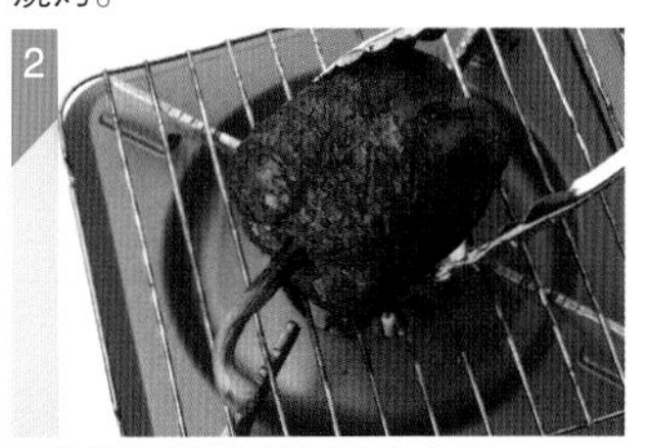

如图所示充分烤至完全变黑。

放入塑料袋内闷一会。

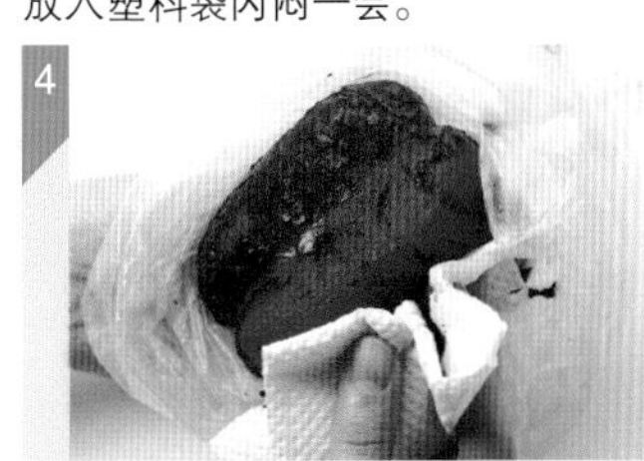

待余热散去，把皮剥掉。

★通过烧烤，薄皮更易剥掉，口感变得更好。烧烤过程还可将其甜味引出。

烧烤火候不足

如图所示的这种程度，表明烤的火候还不足。甜椒要好好烤制，其中的甜味才会散发出来。

## 去除干辣椒籽

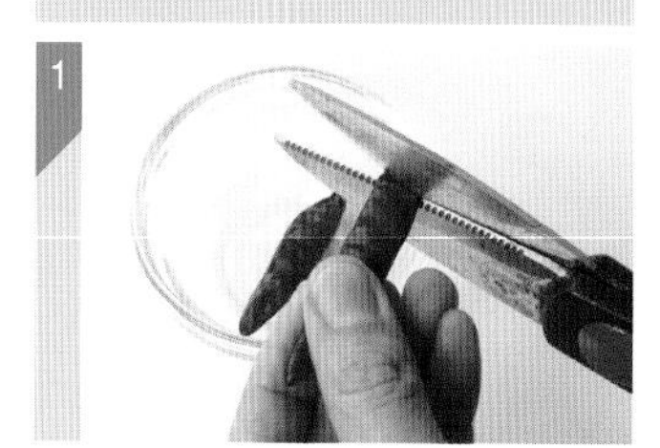


用厨房用剪刀将干辣椒根部剪掉。也可用手指撕下。

将辣椒倒立，取出种子。

★辣椒需要切成小段的话，也要先将辣椒籽去除。

## 去除蒜芽

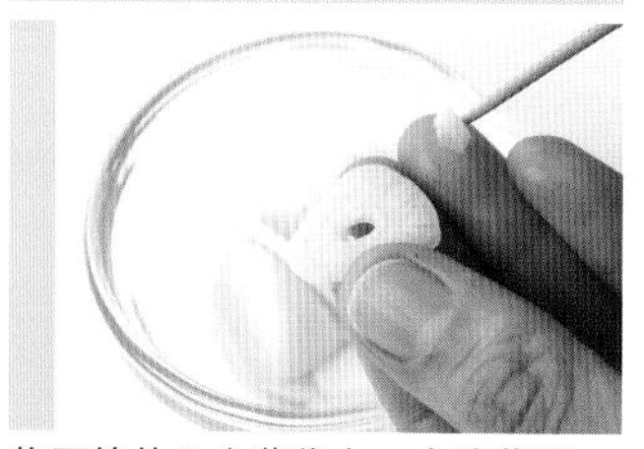

将牙签扎入大蒜芽内，去除蒜芽。

★蒜芽残留的话口感会变坏。

## 压碎大蒜

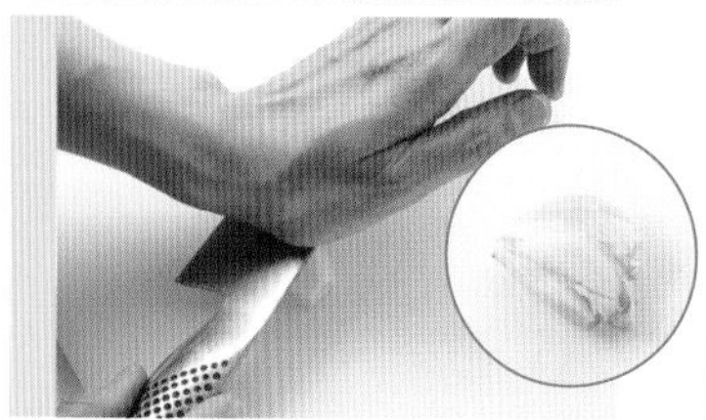

将刀背放在大蒜上，用力将其压碎。

★把大蒜压碎会提升味道。

## 泡发干牛肝菌

将干牛肝菌放入水中泡发30分钟左右。

★泡发汁也很美味，不要丢弃，善加利用。

## 蘑菇的事前准备工作

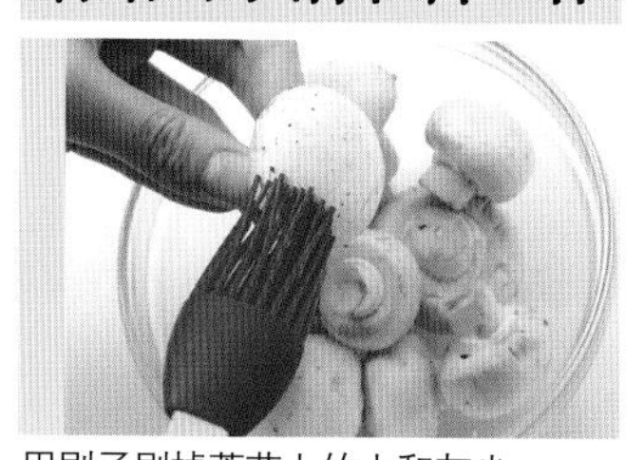

用刷子刷掉蘑菇上的土和灰尘。

★用水清洗蘑菇，会去掉蘑菇的香味。

## 芦笋的事前准备工作

将根部坚硬的部分切掉。

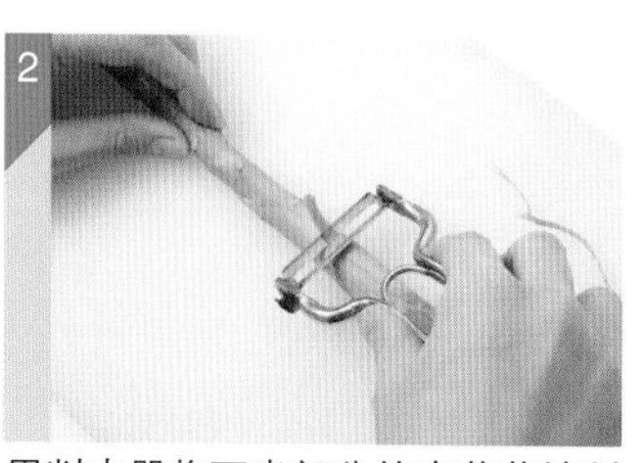


用削皮器将下半部分的皮薄薄地削掉。

★削皮会使口感变得更好。

## 给橙子削皮

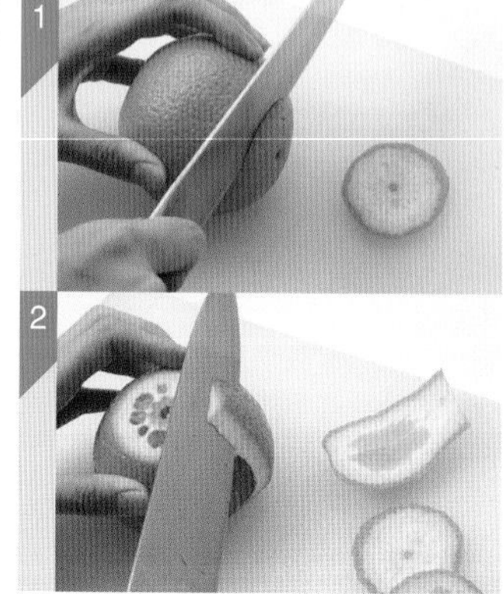


将橙子两端切下薄薄一层。侧面的皮要沿着橙子的弧度削掉。

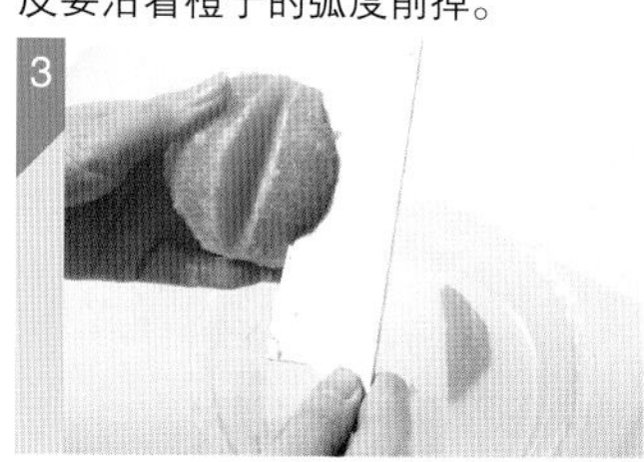


沿着橙子瓣之间的内膜切入，只取出果肉部分。

★这是别具特色的削皮方法。

## 制作意式的面包屑

把面包屑放入笊篱中，用研磨棒研磨。

★在日本很难弄到意大利的细面包屑，因此要亲手制作。

Carne e pesce

# 海鲜类、肉类的前期准备工作

## 习惯了其实很简单！跟日餐的准备工作基本相同。

在被海环绕的意大利，人们经常用海鲜来制作菜肴。海鲜类的前期准备工作和日餐基本相同，不过我们还是来复习一下吧。在意大利，肉类菜肴的制作方法非常多样，最常使用的一种技巧就是在大块肉上绑上线，做成规整的形状。通过捆绑使粗细均匀，不容易出现受热不均的情况，也不会在炖的过程中将肉煮散。使用这样的方法能做成漂亮的成品，因此大家一定要试一试。

## 沙丁鱼分割法

1

用刀背将鱼鳞刮去并切掉鱼头。

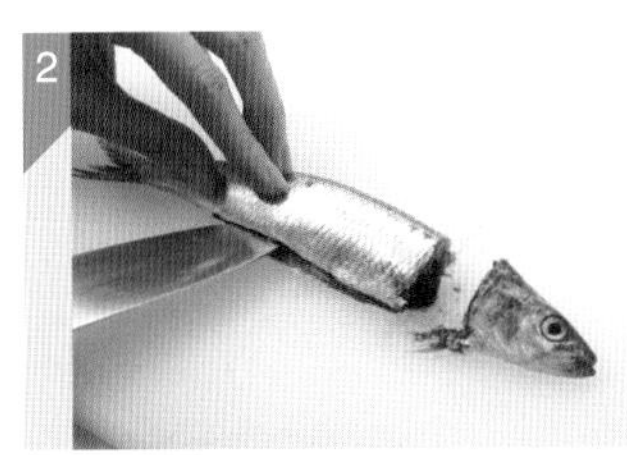


在鱼腹部切开大约6cm长的切口。

用刀尖将内脏挖出。

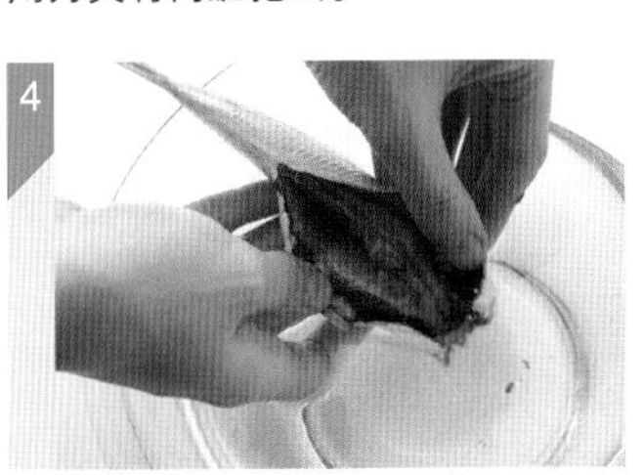


将鱼洗净（包括腹内），用厨房用纸吸干水分。

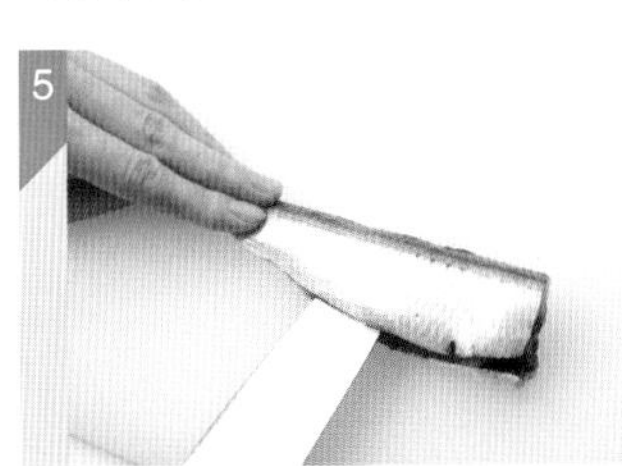


将刀放入鱼背骨上侧，从鱼头部开始进入，一边感受鱼骨的触感，一边用刀切开直至鱼尾。

在鱼尾部分切断。

将带骨的部分翻转，用同样的方法从鱼背骨上侧切开。

这样鱼就被拆分成了3片。

将带有腹骨的部分放到左侧，把刀放平将其切下。

剥皮的时候，从鱼头至鱼尾的方向，抓住鱼皮将其剥下。

# 鱿鱼分割法

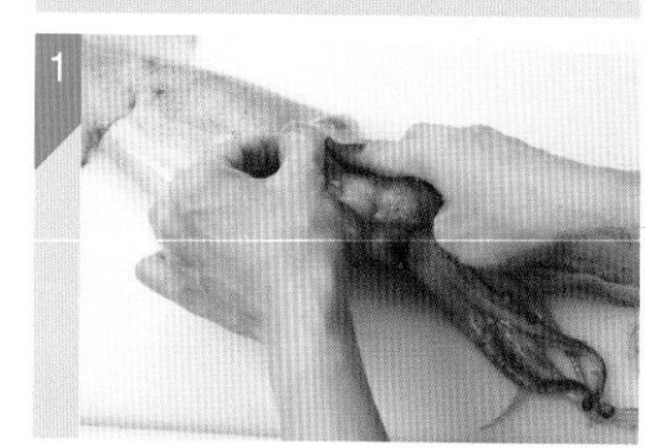


将手指伸入鱿鱼身体和内脏相连接的部分，将其扒开。

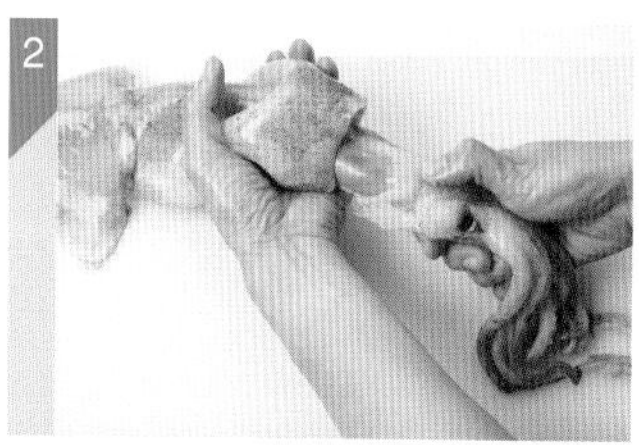


轻轻地将内脏拽出，注意不要把肠子和墨袋弄破。

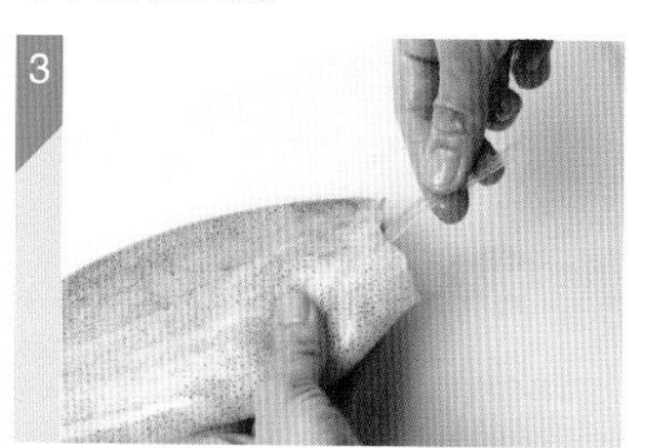


将身体内侧的软骨拽出，取下。

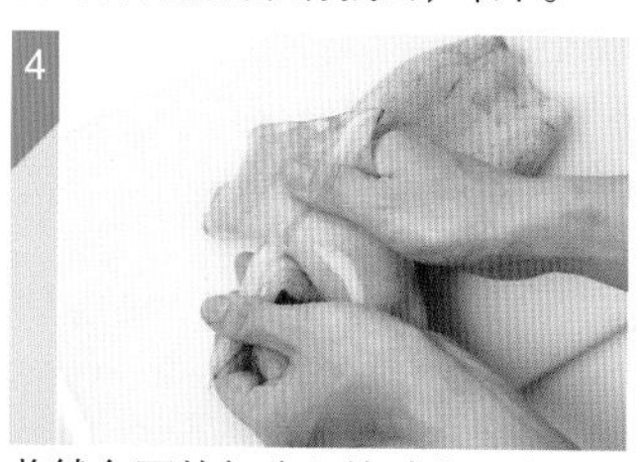


将鱿鱼耳的部分翻转过来，拽住根部连接部分，将其从鱿鱼身体上剥离开。

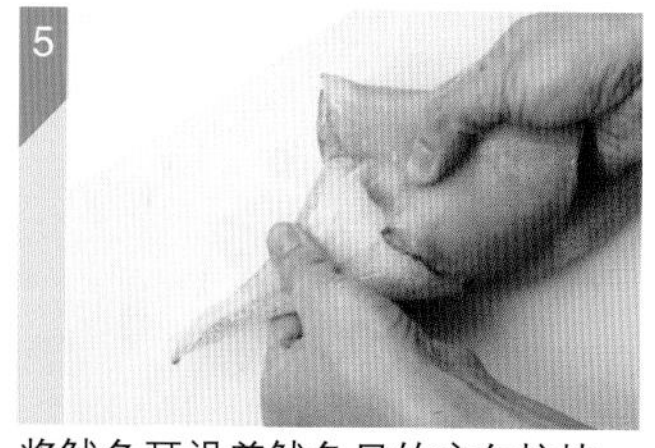


将鱿鱼耳沿着鱿鱼足的方向拉拽，这样就能连皮剥下。

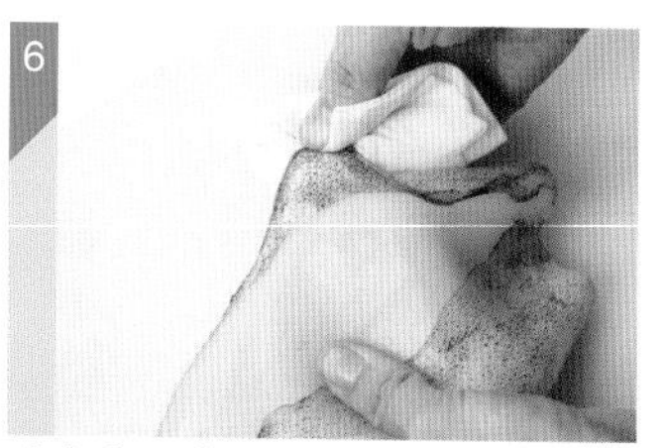


残余的两肋的皮比较滑溜，可用厨房用纸垫着剥下。

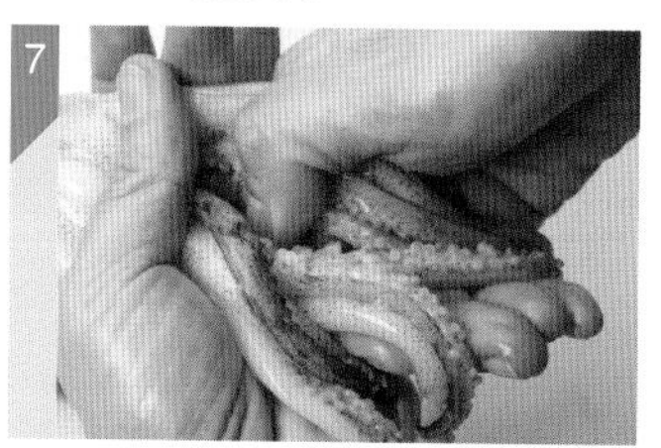


将鱿鱼爪上的吸盘用手指尖刮下。

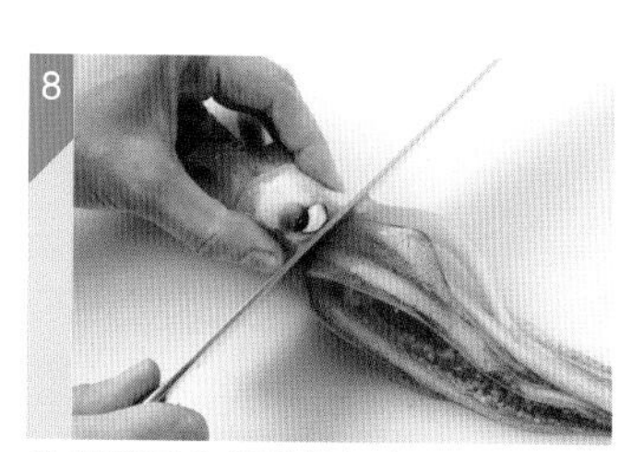


从眼睛下方将爪部切离。

去除足部中心部分的鱿鱼嘴（坚硬的黑色部分）。

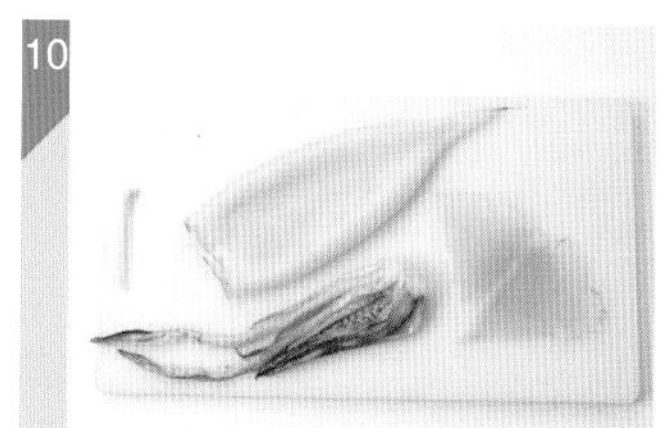


被分割开的身体、爪和鱿鱼耳。

# 螃蟹分割法

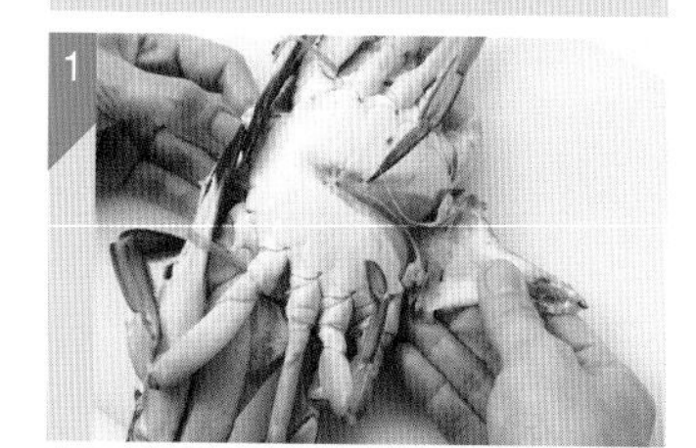


将螃蟹翻转，腹部朝上，剥下三角形的蟹脐。

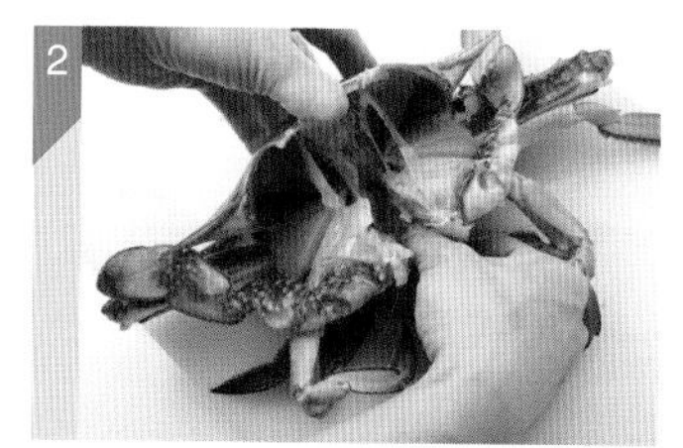


将手指伸入蟹壳根部，剥下蟹壳。

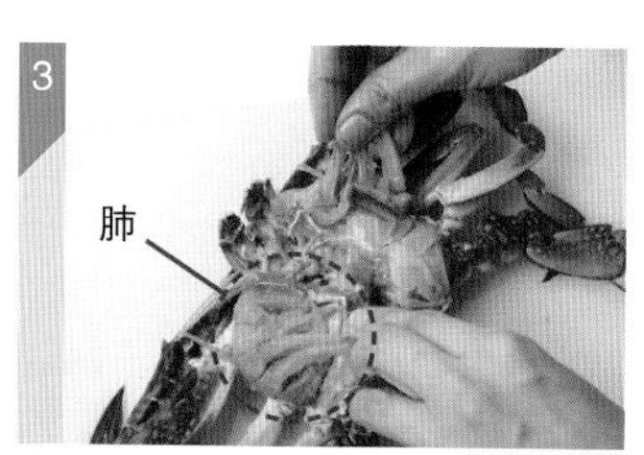


去除左右两侧的蟹肺。

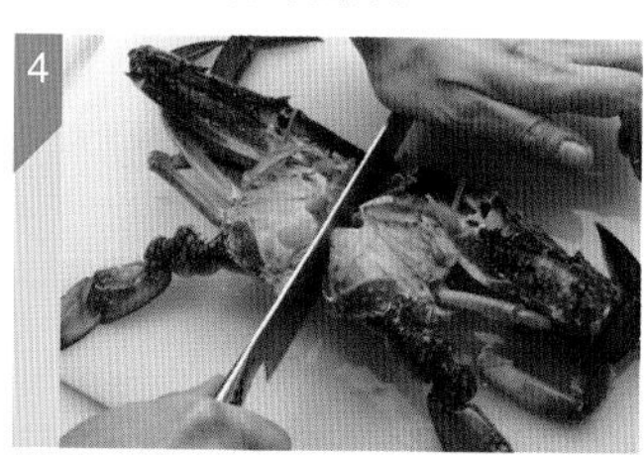


用菜刀从中间一切为二。将全身重量压于刀上更容易切开。

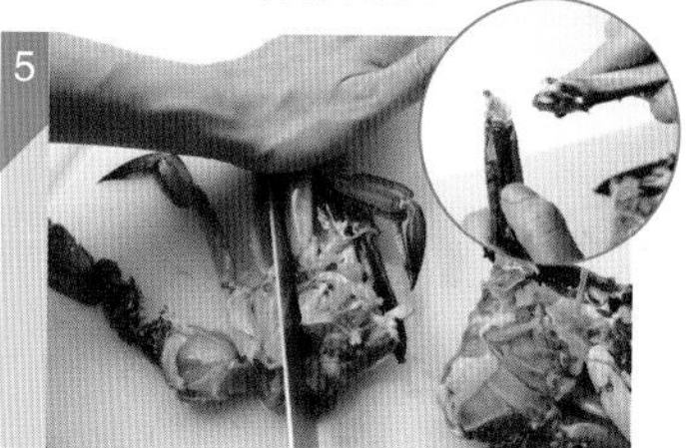


将蟹脚逐个切分开。如果想切成更小块的话，转动关节部分，就能沿着每个关节分割开。

# 虾的处理方法

1

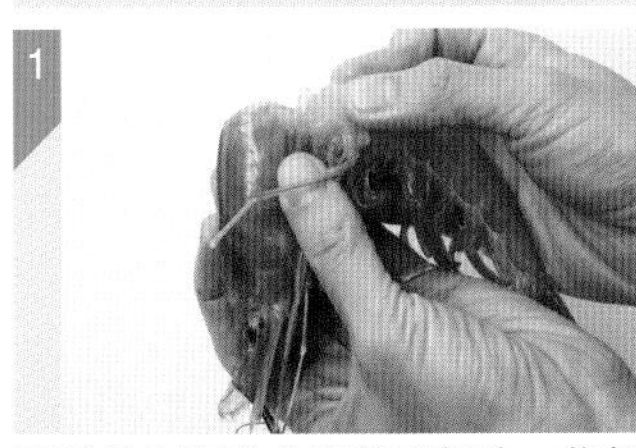

两手分别握住头和躯干部分，将虾一分为二。

2

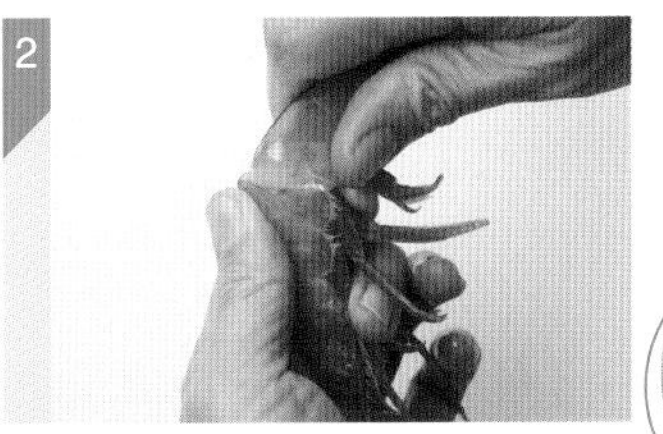

剥除虾壳的时候，首先要拧动第二或第三关节，将上半部分的虾壳剥掉。

3

抓住虾尾，用力拽虾壳，就能将尾部虾壳剥离干净。

4

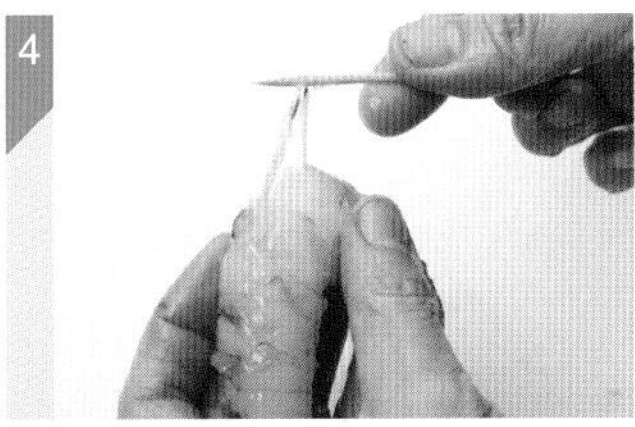

将虾背弯曲，用牙签刺入，挑出并拽掉背部的虾线（虾背上的黑筋）。

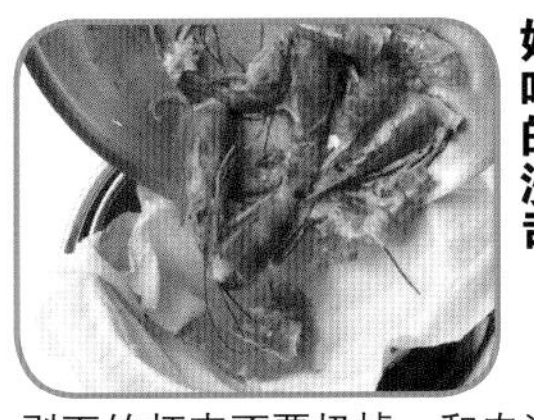

**虾壳可用来制作好吃的沙司**

剥下的虾壳不要扔掉，和肉汤一起熬煮、过滤。这样制成的汤汁用来做菜，味道格外鲜美。

# 花蛤的处理方法

1

将花蛤放入和海水同样咸度的盐水（盐的比例为水的3%）中，让水面没过花蛤。盖上报纸使之变暗。放置3小时以上让花蛤吐净泥沙。

2

充分搓洗花蛤，换水清洗2~3次直至水变清为止。

★贝类比想象的要脏，只洗1次的话，会像图片中那样仍然有污泥残留。

# 贻贝的处理方法

1

和花蛤同样的方法用海水使其吐净泥沙。再用钢丝球使劲搓去贝壳上的泥污。

2

将贻贝口朝下握住，将足丝向下拉拽去除。

★足丝不能食用，因此必须拽掉。

# 捆绑肉块

1

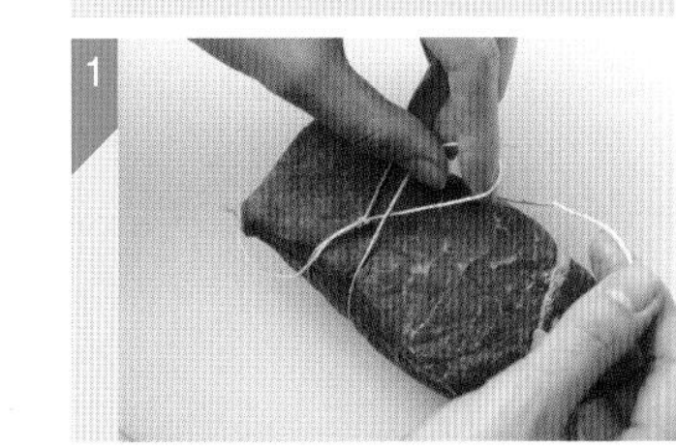

在肉的一端用绑绳缠绕一圈、牢固捆住。将线头较长一端扭成环状，多余部分绕肉一周，再将线头从环中穿出（如图所示）。

2

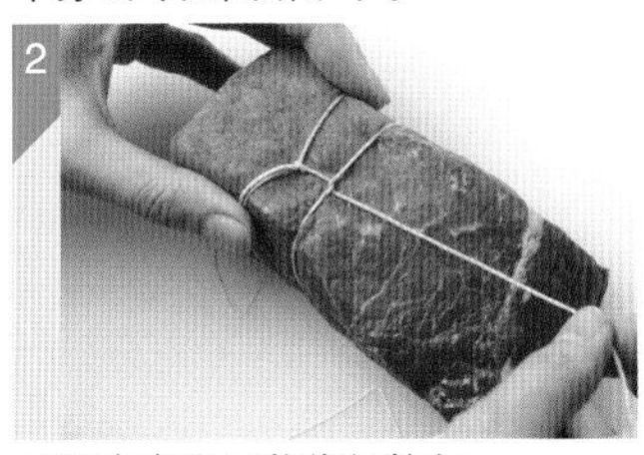

从环中穿出后将绑绳拉紧。

3

如步骤1那样再次操作、拉紧。这样反复操作至肉的另一端。

4

将肉翻转，如图所示将绑绳从已经绑好的部分穿出、拉紧。这样反复缠绕穿出至另一端。

5

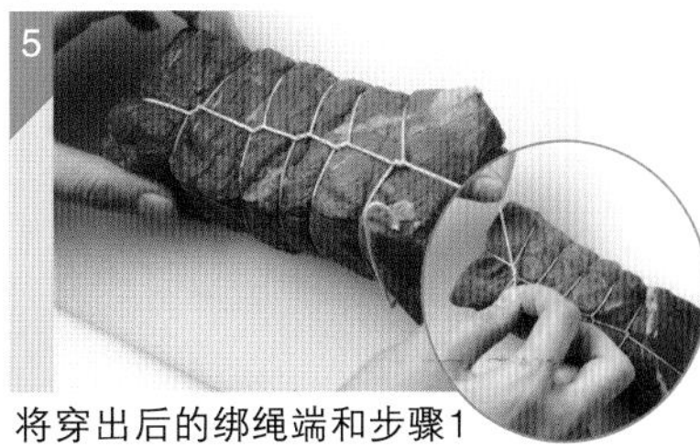

将穿出后的绑绳端和步骤1中绑绳短的一端系在一起，即为完成。

Bollitura della pasta

# 意大利面的煮法

## 不管是长面条、短面条还是扁面条，基本都是一样的。

干面条，无论是长是短，还是其他的什么形状，煮法基本都是一样的。让我们参照图片将面条煮得恰到好处吧。保证沥干面条水分的同时，刚好将沙司做好，这一点也非常重要。作为参照基准，要在面条汤开始沸腾时进入制作沙司阶段，时机就刚刚好。另外，因为有时要将面条汤加入沙司中，因此煮好的面条汤先搁置一边不要马上倒掉。

## 长的干面条

1 在较深的锅里加入3L水烧开，再加入30g盐。如果是1~3人份，加入3L为宜，加入盐的量为水量的1%。

2 3 将意大利面握成把并稍微扭一下，在锅子上方啪地松开。若担心操作不好可以将意大利面散开放入锅内，以免面条粘在一起。

4 面条放入锅内以后，用V形夹略微翻动。待锅内水再度沸腾，停止搅拌，使之充分浮于水面。这样一来，就能保证面条表面不光滑，沙司更容易附着其上。

5 比意大利面包装上标示的煮面时间提前2分钟出锅，将其置于笊篱上充分沥干水分，趁热和沙司一起搅拌2分钟。

## 短面条和扁面条

煮法基本和长的干面条一样。短面条的不同在于，用较浅的锅也可以烫煮。

### 要点

**比标示的时间提前出锅，和沙司能够更好地融合。**

不论是长的、短的还是扁的干面条，都要比标示的时间早2分钟出锅，置于笊篱上沥干水分。相应地把在平底煎锅中和沙司一起搅拌的时间延长2分钟。这样就能做出和沙司充分融合且软硬适中的意大利面了。很多人会按照标示时间煮面，再和沙司一起搅拌20~30秒，但这样的话意大利面中的水分就不能和沙司充分乳化，做出的面条就会淡而无味。因此需要注意。

*Impasto per pizza*

# 比萨面饼制作方法

## 和市面上销售的口味略有不同！有厚度，有弹性！

从生面饼开始亲手制作好像很难，难免会有人这样想，但实际上却是非常简单的。手工制作的生面饼有厚度、有弹性，不论是口感还是味道都很正宗。只要做好了生面饼，剩下的就是通过撒上食材来制作不同种类的比萨，这也是手工制作的魅力所在。在制作面饼时，面饼总也不发酵，这可能是因为温度过低的缘故。可以尝试稍微提高一下室温或是烤箱的温度。

**材料** 原料（方便制作的分量直径24cm 1个）

A〔干酵母8g、砂糖5g、温水160mL〕高筋面粉250g、盐6g、橄榄油20mL

将A放入金属钵内，混合均匀，在常温下放置15分钟使之发酵。

将筛过两遍的高筋面粉、盐、橄榄油加入1中，混合均匀。

在撒好扑面（高筋面粉，不包含在原料分量中）的面板上将2中的面揉20分钟使之成团。揉至面团表面光滑时即可。

将面团放回金属钵中，盖上保鲜膜，置于30℃左右的室温下或是烤箱内使之发酵1小时。图片5、6分别为发酵前后的状态。

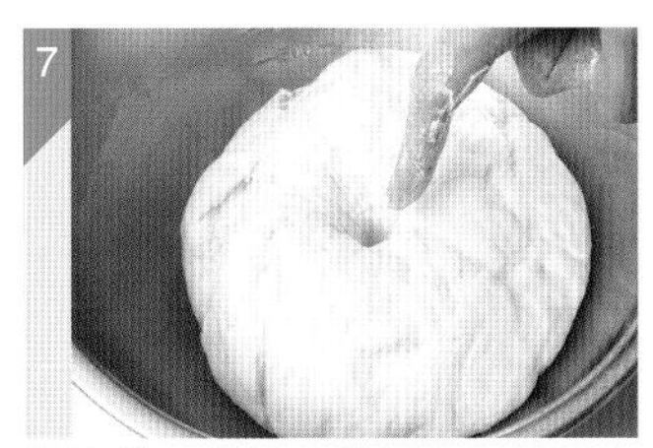

将涂满面粉的食指插入面团正中心，确认是否能够穿透（手指测试）。

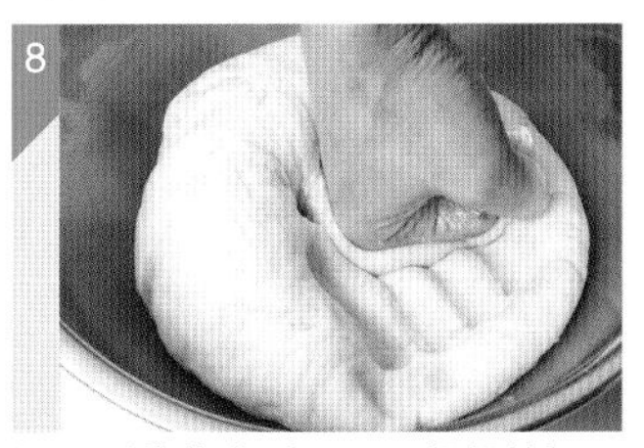

如果手指能穿透面团，轻轻拍打面团使内部气体排出。（手指无法穿透面团的话，要稍微加温促使其发酵。）

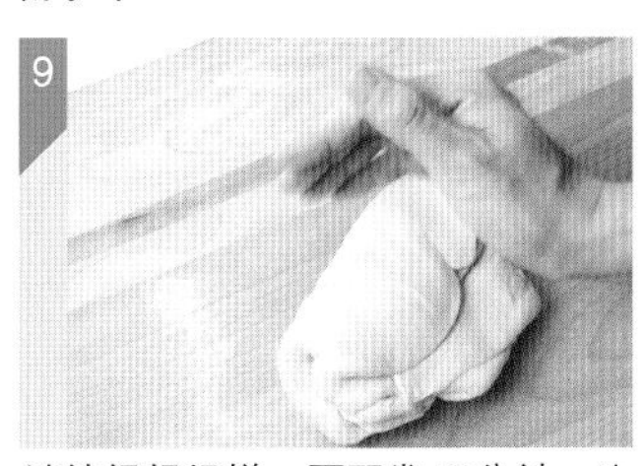

继续轻轻揉搓，再醒发10分钟，比萨生面饼就做好了。

## 新鲜面条和马铃薯面团

# 新鲜意大利面的制作方法

人们通常会认为新鲜的意大利面只能在餐馆里吃到，但只要拥有一台面条机，在自己家里也能轻松完成，所以务必要尝试一下。基本的原料是面粉和鸡蛋，但也可以加入焯好的蔬菜，或是用水、牛奶等代替鸡蛋，这样就能做出各种各样的面条。此外，长的、短的、板状的、夹馅的等等，成型的方法也是多种多样。只要掌握基本要领，可以加入自己的创意尝试做出各种形状。

## 新鲜面条

制作新鲜面条之所以需要机器是因为用手抻面需要一定的技巧，而且非常辛苦。将面粉和鸡蛋揉和在一起，用机器抻开，再切成喜欢的粗细。

材料 原料（方便制作的分量大约300g）

面粉100g、粗粒面粉100g、盐1小撮、鸡蛋2个、橄榄油1大匙

1 将面粉、杜伦小麦粉、盐混合并过筛，置于面板上。

2 在面粉中间弄出凹槽。

3 将鸡蛋和橄榄油倒入凹槽中。

4 用叉子将鸡蛋打散开并将其和橄榄油混在一起。

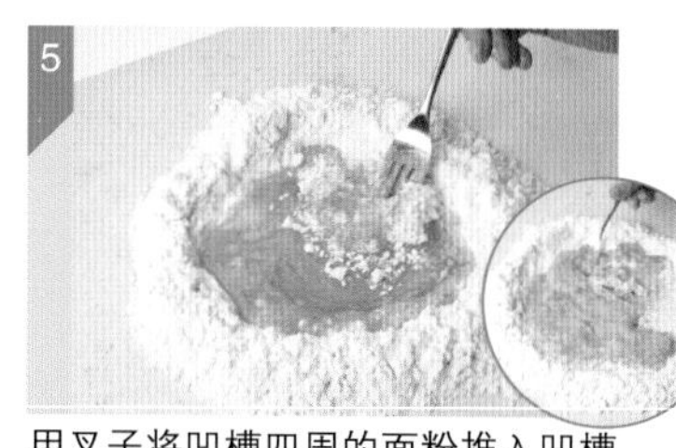

5 用叉子将凹槽四周的面粉推入凹槽内，和中间的鸡蛋、橄榄油充分混合。

6 当变成如图所示状态时，用卡片代替叉子继续搅拌。

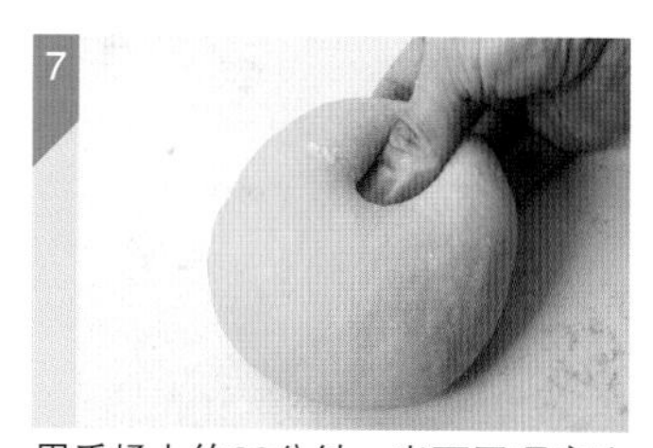

7 用手揉大约20分钟，当面团硬度比耳垂稍硬时即可（揉制方法同P27比萨生面饼）。

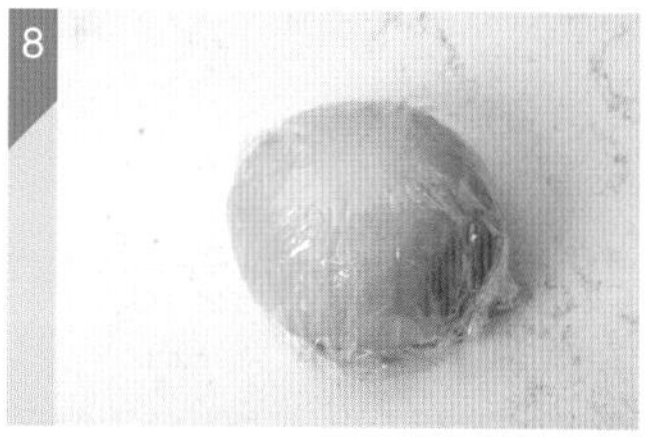

8 包上保鲜膜置于冰箱内醒发30分钟。

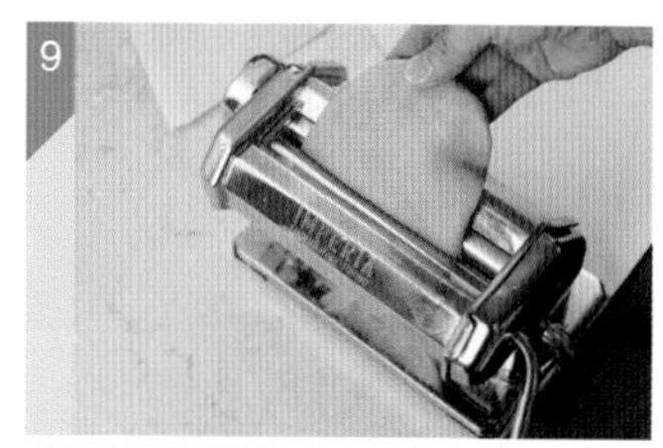

9 在面板上撒上扑面（面粉、分量外），用擀面杖擀至厚度为1cm左右再放入面条机中。

10

为了让面饼更容易通过机器，要在上面撒上面粉。

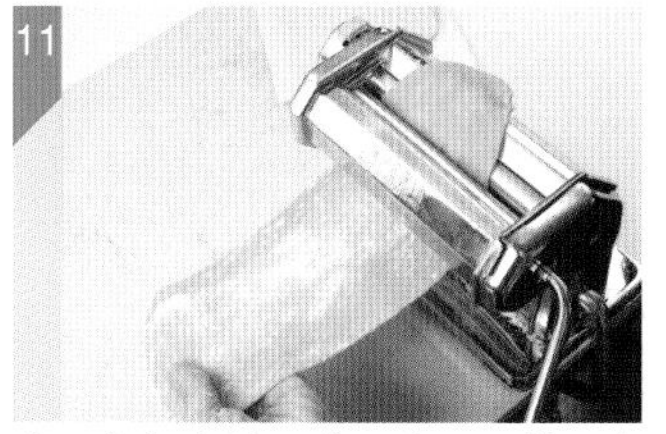


在面条机中过几次，直至面饼厚度变为1~2mm。

用卡片将四周切好，这样板状面条就做好了。

想要制作长面条的话，在面条机上换上刀片，就可将面条切成细长的形状。

图中为做好了的板状面条和长面条。

# 马铃薯面团

面团也是新鲜面条的一种。马铃薯的独特味道和有弹性的口感是其大受欢迎的秘诀。面团无须机器也能轻松制作。

**材料** 原料（方便制作的分量大约650g）

马铃薯3个（500g）；A〔盐、胡椒各适量、鸡蛋1个、面粉（事先筛好）100g、帕尔玛干酪（擦碎）4大匙〕

将马铃薯洗净煮好。趁热把皮剥掉，用捣碎器将其捣碎。

加入A混合均匀。

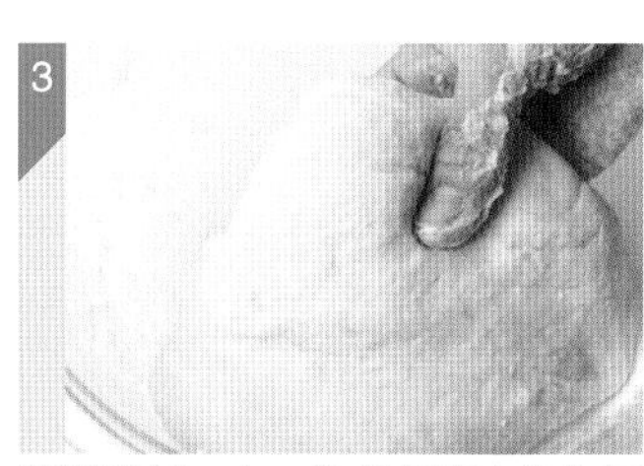


稍微揉制一会，使其硬度变为如图所示类似耳垂的硬度。

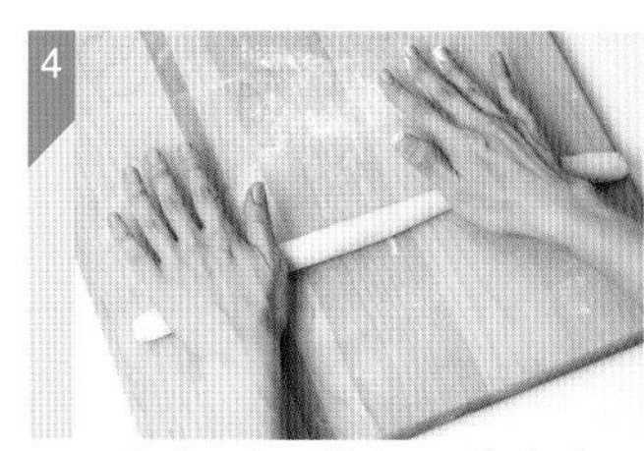


面团揉好后，撒上面粉（分量外），将其揉成长条状。

用卡片将其切成每段2~3cm的长度。

放在手指上用叉子按压使其产生纹路，这样就能和沙司充分融合。

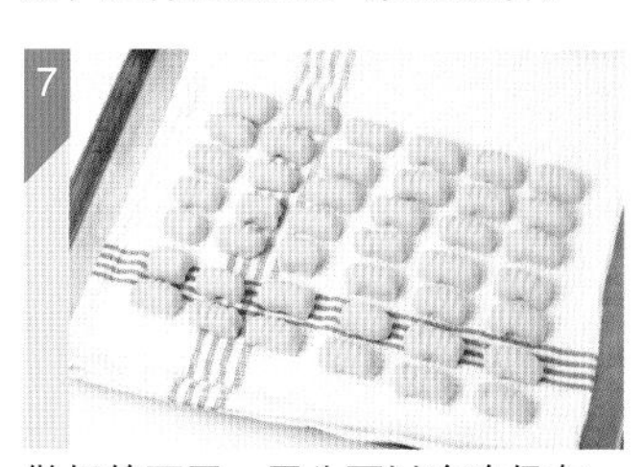


做好的面团。因为可以冷冻保存，所以一次多做些比较方便。

啊！失败了！

**太软了，无法揉成面团！**

质地太过柔软无法揉成面团的时候，可逐渐加入少量面粉，直至将其调整至与耳垂相当的硬度。

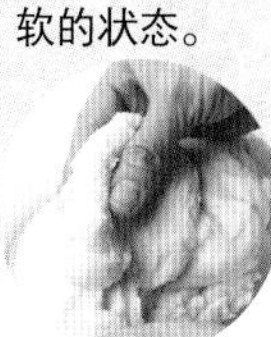

图片为过于柔软的状态。

Cucina italiana

# 亲手制作意式食品

## 里科塔奶酪、生晒番茄干、香草精油

意大利料理常见的生晒番茄干和里科塔奶酪，自己也可以亲手制作出来，务必尝试一下呀！不仅要比市售品便宜，而且在味道方面也毫不逊色。尤其是多乳脂型的里科塔奶酪，刚做好时尤其美味，建议您在家自己烹制。在沙拉上做点缀或浇上果酱作为茶点，抑或是当（土豆）可乐饼的材料，用法可谓多多。

### 番茄干

因为要用光照晒干，所以推荐在干燥的季节晾晒。在光照最足的时间段9点至15点来晾晒吧。

**材料** 原料（方便制作的分量）

小番茄12个

将小番茄的蒂摘掉，切成两半。

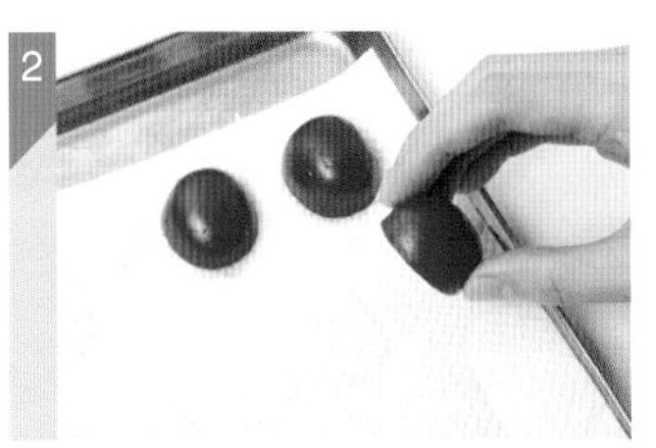

切口朝下置于厨房用纸上，使其充分吸收其中的水分。

为了让番茄更容易晒干，将切口向上，间隔摆开。

放在通风处、光照充足时，晾晒4天至1周。

变为如图所示半干的状态即为完成。冷藏可保存3~4日，冷冻可保存2~3周。

**用烤箱制作**

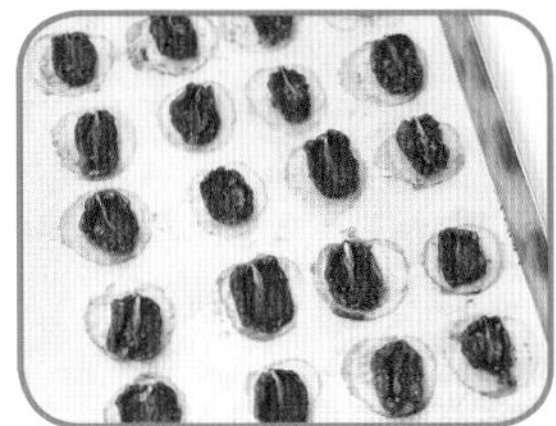
做法同上，至步骤3，再放入100℃的烤箱内，加热3~4小时，即可做出同样的番茄干。

**制作番茄干的时候，要注意这些！**

晾晒的时候选择通风较好的地方，水分能够快速蒸发。比起阴干，更推荐杀菌效果好的晒干方式。

晒制时间段，跟晾晒衣物易干的时间相同，从9点至15点。傍晚潮气较重，即便有太阳也不会晒干，因此可先将半干的番茄收入冰箱的冷藏室内保存，待第二天再继续晾晒。

潮气较重的梅雨季节，水分不易蒸发且容易滋生细菌，因此不适合用来制作番茄干。还是选择降水概率较小的干燥季节吧。

## 里科塔奶酪

只用3种原料，就能制作出地道的里科塔奶酪。重点是不要使其沸腾和充分沥干水分。

材料 原料（方便制作的分量）

牛乳1L 、柠檬1/2个、盐3g

将牛奶倒入锅中，加入榨好的柠檬汁和盐，用文火熬煮并注意不要使其沸腾。

熬煮10分钟左右，牛奶中的蛋白质就会凝固，有颗粒状的东西浮出，待乳清变为透明后将火关掉。

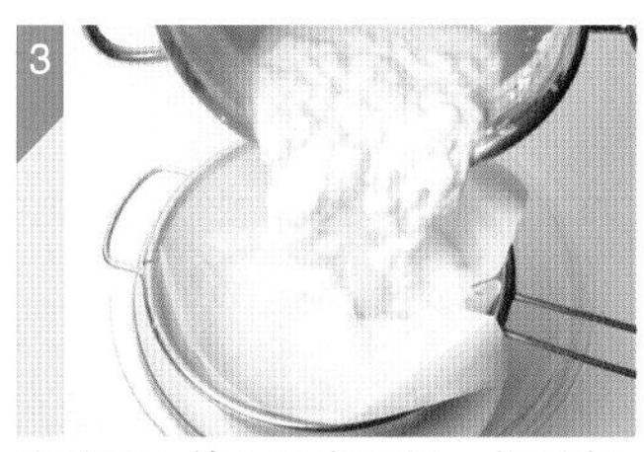


在笊篱上放上厨房用纸，将2倒入其中。

沥干水分，冷却即可。

## 香草油

只需洒上这种香草油，任何料理都可以瞬间变身为意大利风味。放在桌上，尝试洒在沙拉或面包上吧。

材料 原料（方便制作的分量）

大蒜1瓣、干辣椒1个、迷迭香1枝、橄榄油250mL

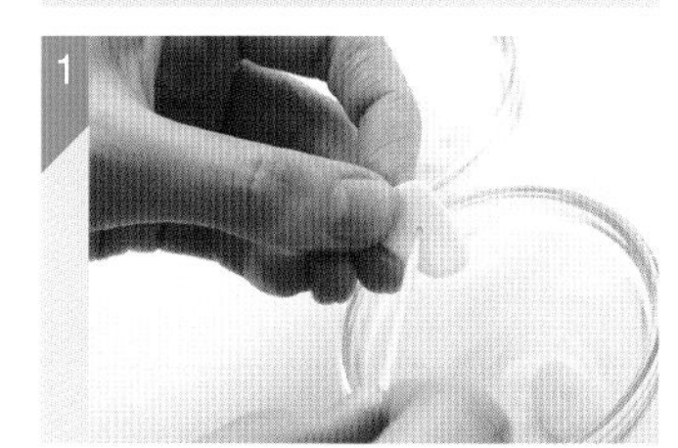


将大蒜切成薄片，用牙签去除蒜芽。

去除辣椒种子。

将1和2放入保存容器中，并放入迷迭香，倒入橄榄油。

香草油制作完成。需在阴暗避光处保存。保存期大约1个月，请尽早食用。

## 柠檬油

有着百里香和柠檬的清淡香味的餐桌用油。超级适合搭配鱼类和肉类！就像在烤鱼上洒上酱油那样，使用这种柠檬油吧。

材料 原料（方便制作的分量）

柠檬皮（尽量采用国产无农药的）1/2个、百里香1枝、橄榄油250mL

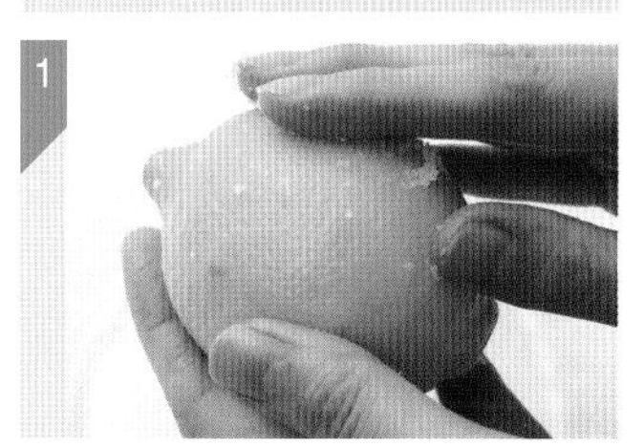


将柠檬用盐揉搓后洗净。

切下柠檬皮，去除带有苦味的白色内膜。

在保存容器内放入2和百里香，倒入橄榄油。

柠檬油制作完成。需在阴暗避光处保存。保存期大约1个月，请尽早食用。

Portate

## 无须全部做出，只要3种菜品就能成为套餐！

# 套餐的搭配方法

意大利菜肴，传统的方法是按照如下的顺序上菜。和法国菜最大的不同在于第一道菜品中包含意大利面、意式烩饭等碳水化合物（参照P119）。实际考虑套餐的时候，无须将所有的菜品配齐。只要有3种菜品基本上就可以构成套餐。例如可以尝试一下：头盘+第二道菜+甜品，或是第一道菜+第二道菜+甜品等。

### 头盘 Antipasto

头盘一词的含义中，包含正式菜品上桌前的简单填填肚子的意思。因为制作接下来的第一道菜品如意大利面或意式烩饭需要花费一些时间，在等待菜品完成的这段时间里，用马上就能上桌的菜肴来填填肚子，缓解一下饥饿的感觉。因此头盘中主要包括简单改刀即可完成的卡布里沙拉，或是只用一个平底煎锅就能做好的意式煎小牛肉火腿卷等，都是能够很快制作完成的菜品。

### 第一道菜 Primo piatto

通常所说的第一道菜，包括汤、意式烩饭、意大利面等，有时也会加入比萨或蒸粗麦粉，多为能够填饱肚子的碳水化合物之类的菜肴。在意大利料理中将这些设定为独立套餐中的一道菜品。有时也会准备好几种菜肴，这时就会按照从清淡的菜肴到浓郁的菜肴，例如汤→意大利面，或是意大利面→意式烩饭这样的顺序上菜。

### 第二道菜 Secondo piatto

使用肉类或海鲜类制作而成的主菜。虽被称为主菜，但非常具有意大利料理的风格，多为简单的菜肴。在享用第一道菜的时间内炖煮或用烤箱烤制而成。南部多用海鲜类和橄榄油烹制，北部多用肉类、黄油、乳酪等烹制。如果第二道菜有两种菜肴，则会按照鱼→肉的顺序上桌。

### 配菜 Contorno

和主菜的第二道菜一起上桌或在主菜之后上桌。多为蔬菜类，以补足第一道菜和第二道菜蔬菜摄入不足的情况。除了蔬菜以外，用薯类、豆类、菌类做成的配菜也深受欢迎。

### 甜品 Dolce

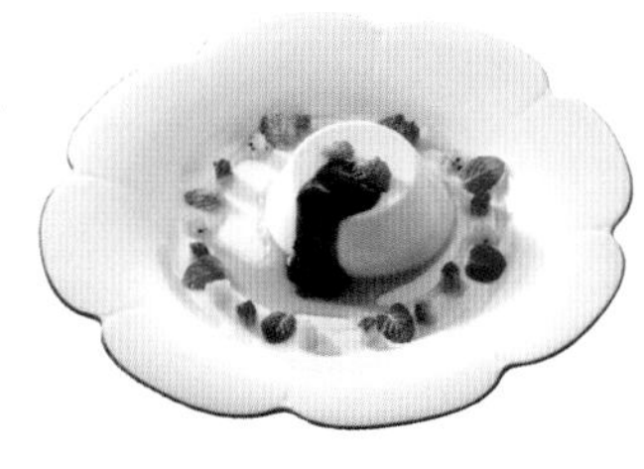

所谓甜品是指套餐中最后上桌的餐后甜点。代表性的有提拉米苏、意式奶油布丁、意式冰激凌等。甜品中也使用水果、乳酪等。在意大利的小餐馆里，也有将整个水果作为甜品供应的情形。

第二部分

## 适合新手学习的料理！

# 头盘

让我们学会制作生切薄片和西西里烩茄子等广为人知的头盘菜品吧。特别适合刚开始学做意大利料理的新手，因为大都是能够轻松做出来的。另外还有减少主菜的食材用量就能制作而成的头盘，例如葡萄炖羔羊肉（p42）、苹果炖猪肉（p44）等。

Antipasti

烹调时间 20分

# 生鲈鱼薄片

Carpaccio di branzino

**原料** [2人份]

| | |
|---|---|
| 洋葱 | 1/8个 |
| 芥末粒 | 1/2小匙 |
| 柠檬汁 | 1/4大匙 |
| 白葡萄酒醋 | 1大匙 |
| 橄榄油 | 50mL |
| 盐、胡椒 | 适量 |
| 洋蘑菇 | 2个 |
| 鲈鱼 | 100g |
| 甜虾 | 10只 |
| 蛋黄酱 | 1大匙 |
| 虾夷葱 | 适量 |
| 番茄 | 1/6个 |

生切薄片（carpaccio），本来是指在切得薄薄的生牛肉片上撒上帕尔玛干酪的碎屑或是浇上橄榄油制作而成的菜品。现在不仅使用生牛肉，还经常使用生鱼片作原料。用生鲈鱼薄片和甜虾制作而成的这道菜品看上去颜色鲜艳，能够勾起人的食欲。

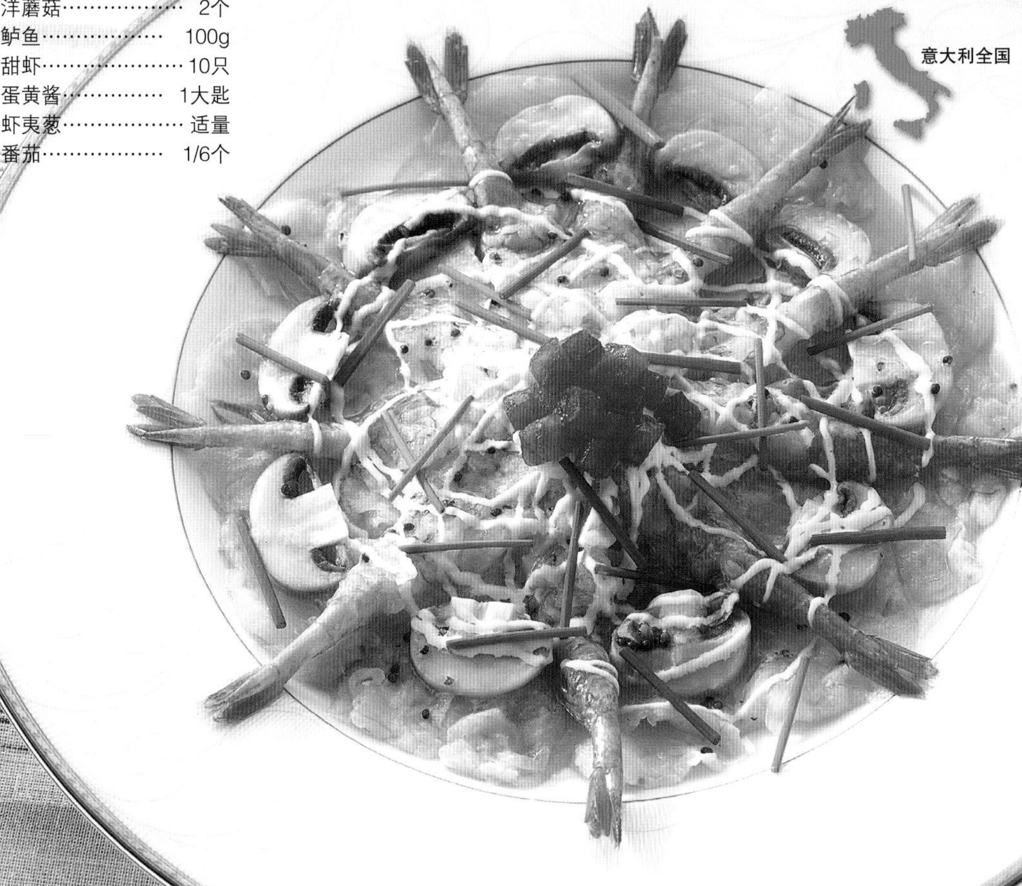

意大利全国

2人份

学习正宗的意大利做法！

**要小心鲈鱼锋利的鱼鳃！**

鲈鱼的旺季为6—8月，其味道鲜美、肉质细密，常用于日本料理的冷鲜鱼片和奉书烧（一种烹饪方法）中。在意大利，除了用于制作生切薄片以外，还经常用于烧烤或番茄水煮鱼（参照p124）中。片鱼的时候，一定要注意像刀一样锋利的鱼鳃。

1 把洋葱擦碎成泥。

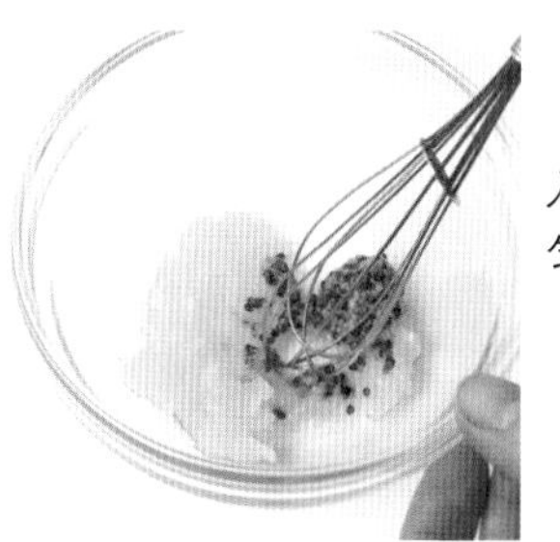

2 将1换盛到小碗中，加入芥末粒搅拌均匀。

3 加入柠檬汁和白葡萄酒醋混合均匀。

4 边加入橄榄油边搅拌，并用盐和胡椒调味。

Point

橄榄油一定要边加入边搅拌，这样才能够使其充分乳化。

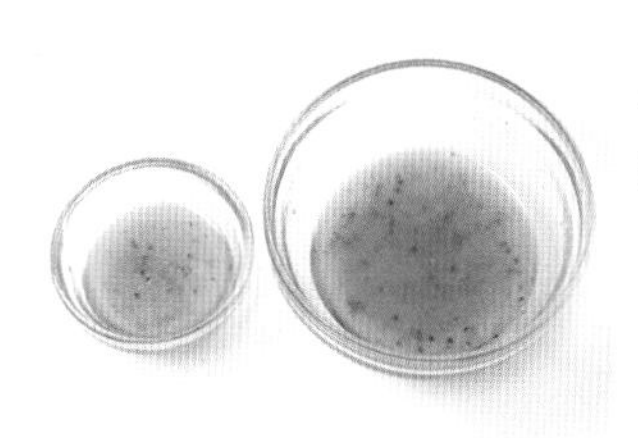

5 将4中的沙司分成两份，分量各为1/3和2/3。

6 在切成片状的洋蘑菇中加入1/3量的沙司混合均匀。

7 将鲈鱼肉片下，分开包入保鲜膜内，并用肉铲将其拍成薄片。

要点

通过肉铲的拍打，肉片变薄的同时，也更容易和沙司融合

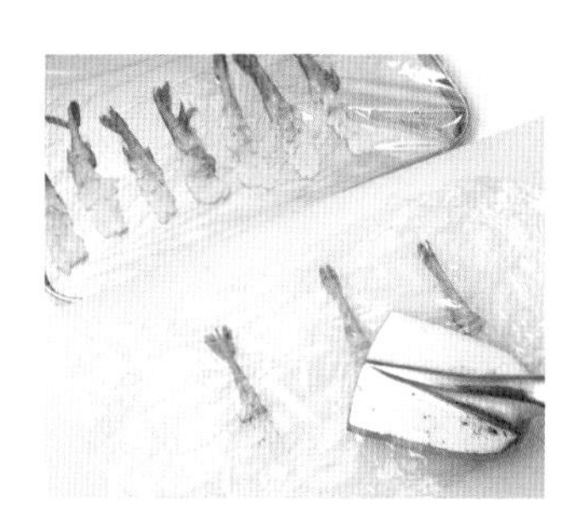

8 将甜虾剥壳，包入保鲜膜内，同样用肉铲轻轻拍打使其变薄。

9 将鱼片和甜虾逐一蘸上剩下的沙司，摆入盘中。

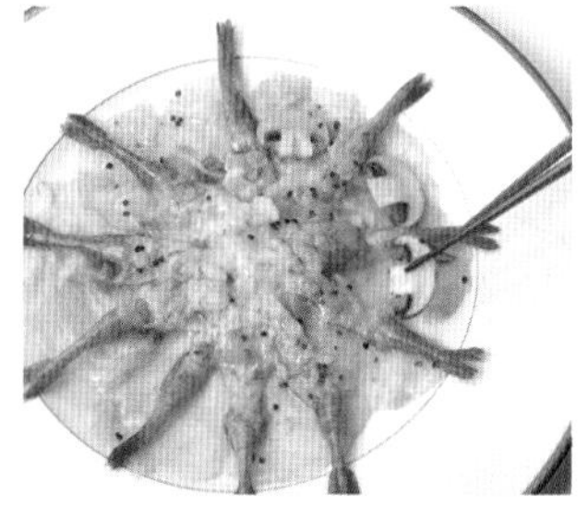

10 将6中的洋蘑菇片摆入盘中，将蛋黄酱装入挤压袋内，细细地挤在菜品上。虾夷葱切成3cm长撒入盘中，西红柿形成5mm见方的块状，摆在盘中央。

# 番茄泡沙丁鱼

*Sarde marinate*

**原料** [2人份]

沙丁鱼………………… 2条
盐………………………… 适量
白葡萄酒醋……… 4大匙
番茄…………………… 1个
苦苣…………………… 适量

沙丁鱼在意大利也是常见的一种鱼类。其中，用葡萄酒醋浸泡的沙丁鱼泡菜，是头盘中必不可少的人气菜品。再配上番茄或苦苣，就可以代替沙拉了。

南部地方

烹调时间 **15**分（将沙丁鱼用盐腌制的时间除外）

**1** 将沙丁鱼切成3片，在表面上轻轻撒盐，腌制30分钟左右。

**2** 将1中的鱼皮剥掉，对半切开，撒上白葡萄酒醋，腌制一会儿。

**3** 将番茄横切成薄片，铺入盘中，把2摆在上面。

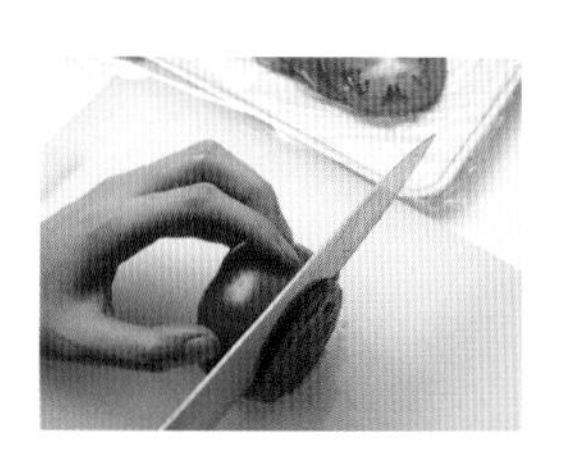

**4** 将苦苣铺在番茄周围，沙丁鱼上也稍加装饰。

2人份

学习正宗的意大利做法！

**如果选用沙丁鱼就一定要用新鲜的！**

沙丁鱼，别名鰯，顾名思义，是非常柔弱容易变质的鱼类，因此如果选用沙丁鱼的话一定要选择新鲜的。要选择表皮泛着银色光芒、鱼鳃鲜红的，表皮为黄色、眼睛红的鱼就不要买了。

# 金枪鱼薄片

Carpaccio di tonno

意大利全国

说起新鲜的金枪鱼，大家立刻就会想到生鱼片吧，不过偶尔换个心情尝试做一下金枪鱼薄片怎么样？将切好的生鱼薄片用肉铲轻轻拍打的话，即便是红肉的金枪鱼也完全感受不到其中的肉筋，口感非常好。

烹调时间 **15**分

2人份

**原料**［2人份］

金枪鱼（适合做生鱼片的块状）………………60g

A 柠檬汁……… 1/2个量
A 橄榄油………… 1大匙
A 盐、胡椒………… 适量

蛋黄酱……………1大匙

芝麻菜………………适量

柠檬（片状）…… 1~2片

帕尔玛干酪（片状）… 适量

**1** 金枪鱼片成薄片，分别包入保鲜膜内，用肉铲轻轻敲打使其变薄。

**2** 将A放入大碗中混合均匀，再将1中的金枪鱼放入，使其单面蘸上调料，有调料的部分向上摆入盘中。

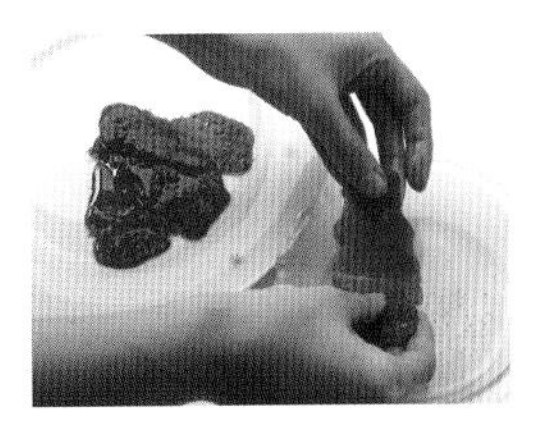

**3** 将蛋黄酱装入挤压袋内，细细地挤在2中的金枪鱼上，挤出格子状。

**4** 将芝麻菜、切成8等分的柠檬片、帕尔玛干酪片撒在上面。

烹调时间 40分

# 鸡肝泥三明治

## Crostini di fegato

**原料** [2人份]

橄榄油……… 1+1/2大匙
洋葱……………… 1/2个
胡萝卜…………… 1/2根
西芹……………… 1/2棵
鸡肝……………… 200g
红葡萄酒………… 100mL
盐、胡椒………… 适量
A 刺山柑………… 25g
A 鳀鱼…………… 2片
A 黄油…………… 15g
大蒜……………… 适量
法式面包………… 6片
水芹……………… 适量
意大利芹………… 适量

所谓的三明治（crostini），是指在切成片状的面包上放上鸡肝泥或鳀鱼等做成的头盘菜品。鸡肝泥做好后可以冷藏保存2周左右，因此在招待很多亲朋好友的聚会上，推荐此菜品。

中部地方

学习正宗的意大利做法！

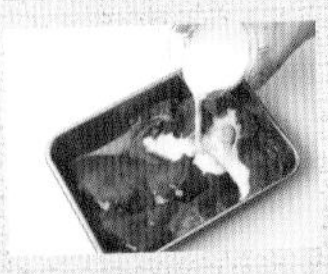

**细致的准备工作是好吃的关键！**

肝脏类食材，在开始烹调之前，要用流水边冲洗边去除上面赤黑色的部分。对于不能接受其独特膻味的人，还要将其放入冰牛奶中浸泡30~40分钟，最后再用水洗净，这样几乎就感觉不到膻味了。

2人份

**1** 锅内倒入橄榄油，文火加热，将切碎的洋葱、胡萝卜、洋芹加入其中翻炒变软。

**2** 加入洗净的鸡肝，继续翻炒。

**3** 倒入红酒，翻炒至酒精蒸发。

**4** 加入盐和胡椒调味。

**5** 盖上锅盖，文火熬煮20分钟左右。

要点

熬煮过程中要经常用木铲翻搅，以免煳锅。

**6** 加入A，搅拌均匀后关火。

**7** 将6放入手动搅拌器内，搅拌至糊状，加入盐和胡椒调味。

**8** 将大蒜切口一面放在法式面包表面摩擦，然后放入平底煎锅或烤面包箱中煎烤，制作成蒜味吐司。

**9** 将7中的鸡肝泥涂抹在8中的蒜味吐司上，摆入盘中，再撒上切碎的意大利芹，并用水芹加以装饰。

**10** 鸡肝泥冷藏保存时，要放入密闭容器中，并在上面倒上一层橄榄油。

要点

容器要事先用沸腾的水煮5分钟，充分杀菌后方可使用。

烹调时间 **15分**

（冰镇的时间除外）

# 意大利面包沙拉

## Panzanella

原料［2人份］

法式面包…………………6片
盐、胡椒…………………适量
红葡萄酒（低度）…100mL
A 法国菊苣……………50g
A 芝麻菜…50g（5~6棵）
A 洋葱………………1/4个
罗勒…………………3~4片
番茄…………………1/2个
黄瓜…………………1/2根
橄榄油…………1+1/2大匙
白葡萄酒醋……1+1/2大匙

**变硬的面包可以重新拿来用作沙拉原料！意大利面包沙拉由浸泡过红酒的面包和爽口的蔬菜搭配而成，充分体现出意大利风格的“不浪费”精神，是意大利中部地区代表性的头盘菜品之一。菜品分量充足，最适合炎热夏季里没有食欲的时候食用了！**

中部地方

2人份

**1** 将面包切成1.5cm的块状，用平底煎锅烘干。

要点

面包要烘烤得硬硬的，这样才会好吃。

**2** 将1放入碗中，撒入少许盐和胡椒，倒入红酒混合均匀，放置一会儿。

**3** 将A中的蔬菜切成合适的大小，放入另外的玻璃碗中。

**4** 加入手撕的罗勒。

要点

新鲜的罗勒接触到金属颜色会变黑，因此不用菜刀而是用手将其撕碎。

**5** 将番茄籽取出，切成小块状，放入碗中。

**6** 黄瓜切成不规则形状，放入碗中。

**7** 将2中的面包轻轻挤压并用橡胶铲捣碎。

**8** 将7倒入盛放蔬菜的碗中，混合均匀。

**9** 加入橄榄油和白葡萄酒醋，并用盐和胡椒调味。

**10** 用保鲜膜盖上，放入冰箱内。食用前装入盘中。

要点

冰镇30分钟后再食用比做完即食更入味，更好吃。

烹调时间 30分

# 葡萄炖羔羊肉

## Cosciotto di agnello alla fricandò

原料 [2人份]

橄榄油……… 1+1/2大匙
大蒜…………………… 1瓣
迷迭香…………… 1/2枝
鼠尾草…………… 1/2枝
羔羊肉……………… 4条
盐、胡椒………… 适量
白葡萄酒……… 100mL
葡萄汁………… 150mL
A
鸡蛋黄…………… 2个
帕尔玛干酪（擦碎）……………… 10~15g
柠檬皮（擦碎） 1/4个

[饰物]
迷迭香……………… 适量
鼠尾草……………… 适量

意大利中部地区从罗马时代开始盛行养羊，时至今日牧民们喜欢的大众菜依然广为流传。使用同为意大利中部地区盛产的葡萄和小羊带骨肉一起炖煮而成的这道菜品，充满了牧歌式的意大利田园风格和温柔的味道。

中部地方

学习正宗的意大利做法！

**味道无可挑剔的羔羊肉！**

在中国，人们的印象是“羊肉=涮羊肉”，但在意大利，羊肉却是常见的食材。特别是出生后未满1年的仔羊，被称作羔羊，比成年的羊肉少了膻味，味道上无可挑剔，因此常被用来做菜。

2人份

**1** 锅内倒入橄榄油，用文火加热。

**2** 大蒜切成2~3块并压碎，和迷迭香、鼠尾草一起放入锅内。

**3** 烹出香味后，放入蘸满盐和胡椒的羔羊肉，用大火煎至上色为止。

**4** 加入白葡萄酒。

**5** 加入葡萄汁。

要点

用新鲜的葡萄200g代替葡萄汁熬煮味道更佳。

**6** 盖上盖子用中火熬煮10~15分钟。

**7** 将A倒入碗内充分搅拌制成沙司。

**8** 将锅里的汤汁取少许加入碗中，使沙司充分溶解。

要点

事先加入汤汁溶化，可使蛋黄和帕尔玛干酪不易成块，能做出黏稠的沙司。

**9** 待羊肉火候差不多时加入8中的沙司，关火。依靠余温加热，使沙司和羊肉充分融合。

**10** 撒入盐和胡椒，盛入盘中，再饰以迷迭香和鼠尾草。

烹调时间 **45分**

# 苹果炖猪肉

## Carré di maiale con le mele

**原料** [2人份]

猪里脊肉……………… 2片（250~300g）
盐、胡椒……………… 适量
黄油…………………… 10g
白葡萄酒…………… 100mL
洋葱…………………… 1/2个
苹果…………………… 1/2个
番茄…………………… 1/4个

苹果和猪肉，在意大利是经典搭配。不仅因为苹果里的酶能使猪肉变得柔软，还因为苹果能使多脂的猪肉变得更加清淡可口。淡淡的甜味和清爽的香气绝对能勾起你的食欲！

北部地方

2人份

**1** 在猪里脊肉表面撒上盐和胡椒。

**要点**

用刀在瘦肉和肥肉连接的地方划几刀，将肉筋切断。

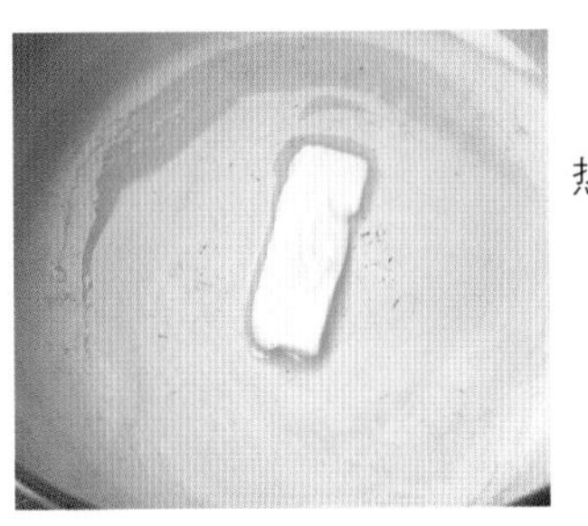

**2** 锅内放入黄油，文火加热。

**3** 将1放入锅内，将肉的两面煎至轻微焦黄。

**4** 锅内加入白葡萄酒。

**5** 盖上锅盖，文火炖10~15分钟。

**6** 炖煮的过程中，要把肉片翻动几次，并将锅底的汤汁浇在肉上。

**7** 洋葱切成薄片，苹果削皮切成薄片备用。

**8** 将7放入锅内，炖10~15分钟。待洋葱和苹果变软，加入盐和胡椒调味。

**9** 将肉取出，切成方便食用的大小。

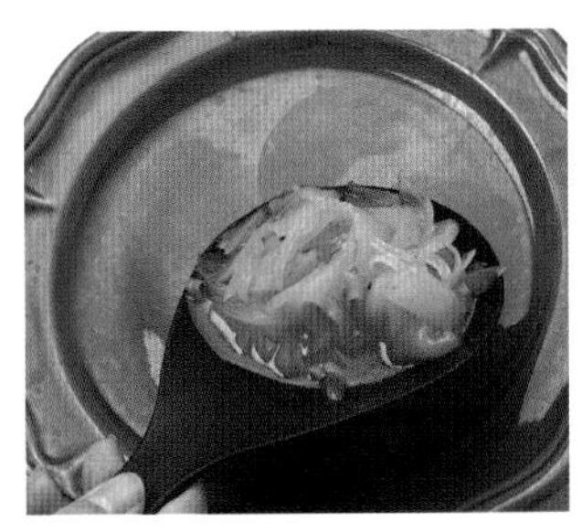

**10** 将锅内剩余的食材和沙司铺在盘中，把切好的肉放在上面，再用切成5mm见方的块状番茄加以装饰。

烹调时间 15分

# 意式煎小牛肉火腿卷

Saltimbocca alla romana

原料 [2人份]

生切牛肉薄片… 2片（约140g）
面粉…………………… 适量
橄榄油…………… 2大匙
黄油……………………5g
鼠尾草……………… 4片
新鲜火腿…………… 2片
白葡萄酒………… 100mL
盐、胡椒…………… 适量

[饰物]

鼠尾草……………… 适量

意式煎小牛肉火腿卷是罗马的代表性菜肴之一。在意大利语中是“飞入口中”的意思。做法简单且超级美味让人瞬间吃完，这就是其名字的由来。新鲜火腿和牛肉所产生的复杂味道以及鼠尾草的香气，非常适合搭配葡萄酒食用。

中部地方

2人份

学习正宗的意大利做法！

**用鼠尾草来去除肉腥味！**

鼠尾草是香草的一种，在欧洲经常用来去除肉中的腥味。在意大利它被称作salvia。为了用于日常料理中，也有人家在庭院里或阳台上种植。因香气浓郁，注意不要大量使用。

**1** 将牛肉片从中间切开，每片单独包新鲜火腿放入保鲜膜内，用肉铲轻轻敲打使其变薄。两面都撒上盐和胡椒。

**2** 在1上撒上面粉，抖掉多余的面粉。

**要点**

面粉沾得过多，口感就会变得黏糊糊，为了避免这一点，可以像图片中那样将面粉放入滤茶网内，边筛边撒。

**3** 在平底煎锅中放入橄榄油和黄油，用文火加热。

**4** 将2放入煎锅中，双面煎至轻微焦黄。

**5** 每片肉上放上一枚鼠尾草。

**6** 在5上再放上切成半片的新鲜火腿。

**7** 在上面浇洒白葡萄酒。

**8** 用中火煎烤1分多钟。

**要点**

为避免生火腿煎过火，当白葡萄酒和肉融合后就立刻将肉从煎锅中铲起。

**9** 将肉盛入盘中，将煎锅中剩余的沙司收汁，分量变为原来的一半时浇入盘中的肉上面，再用鼠尾草装饰。

啊！失败了！

**不要让面粉吸收肉汁！**

关键是肉上撒上面粉后要尽快煎烤。放置时间太长，面粉就会吸收肉汁，煎完后就会有黏糊糊的口感。

# 火腿奶酪鸡蛋饺

*Valigine di uova al pomodoro*

松软的煎蛋包裹了奶酪和火腿，是味道柔和的一道头盘。不仅可以作为葡萄酒的搭配菜肴当作头盘，也非常适合用来作为奢侈的休息日的上午餐。

烹调时间  **40分**

**原料** ［2人份］

鸡蛋…………………… 2个
盐、胡椒…………… 适量
切片奶酪…………… 4片
去骨火腿…………… 2片
橄榄油…………… 2大匙
洋葱……………… 1/2个
整番茄罐头……… 150g
意大利芹…………… 适量

**1** 将鸡蛋打入碗中，加入盐和胡椒搅拌均匀。

**2** 平底煎锅中涂上薄薄的一层油（原料分量外），将1慢慢倒入，摊出2张薄薄的鸡蛋饼。

**3** 将薄鸡蛋饼展开，依次摆上对折的奶酪切片→对折的去骨火腿→对折的奶酪切片，再按照如图所示的顺序包好。

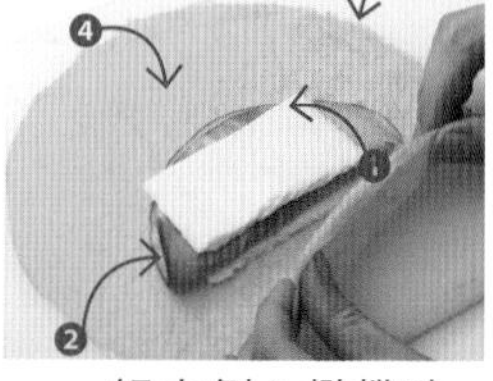

**4** 锅内倒入橄榄油，文火加热，加入洋葱末和盐，炒至变软。

**5** 在4中加入过滤后的整番茄罐头（操作方法见p20），炖5~6分钟。

**6** 在5的锅中加入3，炖煮10分钟左右直至奶酪熔化。

**7** 将鸡蛋卷对半切开摆入盘中，撒上切成碎末的意大利芹。

# 橙汁蟹肉沙拉

Insalata di arance e granchio

在意大利为数不多的橙子产地西西里岛，使用橙子制作而成的沙拉是有名的菜肴之一。和罐装螃蟹的搭配，将咸味、甜味以及橙子的酸味绝妙地融合在一起，绝对能够勾起你的食欲！

烹调时间 15分

**原料** [2人份]

- 橙子…………………… 1个
- 橄榄油…………… 3大匙
- 紫洋葱…………… 1/2个
- 蟹肉罐头… 1罐（110g）
- 苦苣……………… 2~3片
- 芝麻菜……………… 2棵
- 盐、胡椒…………… 适量

2人份

**1** 将橙子剥皮切成薄片。

**2** 把1在盘中摆成圆形，轻轻浇洒1大匙橄榄油。

**3** 紫洋葱按照逆着纤维的方向切成薄片，用水冲洗后沥干水分。

**4** 碗中放入3、蟹肉罐头和2大匙橄榄油，搅拌均匀。

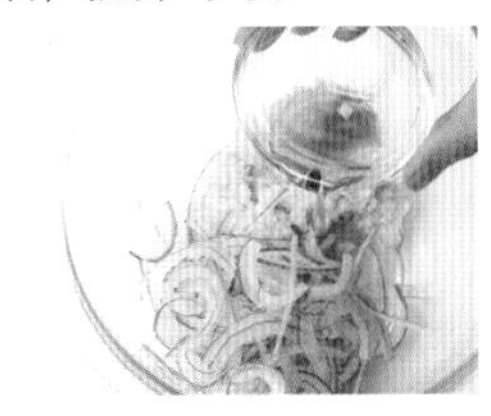

**5** 将切成适当大小的苦苣和芝麻菜放入碗内，边搅拌边加入盐和胡椒调味。

**6** 在2的中央摆上4。

学习正宗的意大利做法！

**用血橙来展示地道的口味吧！**

说起西西里岛的橙子，要数果肉鲜红的血橙了。其果汁非常有名，最近因进口或开展国内生产，终于也能见到血橙。如果能买到的话，一定要尝试用它来做沙拉哦！

烹调时间 **20**分

（去除茄子涩汁的时间除外）

# 西西里烩茄子

西西里烩茄子是意大利南部的传统美食，其中大量使用了茄子、绿皮密生西葫芦等蔬菜。虽然做法简单，但能够使人充分品尝到蔬菜的鲜美，因此非常受欢迎。不论是趁热吃还是在冰箱里冷藏一晚作为头盘食用，味道都非常鲜美。

**原料** ［2人份］

|  |  |
|---|---|
| 茄子 | 2根 |
| 橄榄油 | 4大匙 |
| 绿皮密生西葫芦 | 1根 |
| 甜椒（红、黄） | 各1/2个 |
| 西芹 | 1/2棵 |
| 大蒜 | 1瓣 |
| 洋葱 | 1/2个 |
| 番茄 | 1个 |
| 浓缩番茄酱 | 1/2大匙 |
| 红葡萄酒（低度） | 100mL |
| A 黑橄榄 | 10粒 |
| A 刺山柑 | 1大匙 |
| A 松子 | 1大匙 |
| A 罗勒 | 2~3片 |
| 盐、胡椒 | 适量 |
| 白葡萄酒醋 | 2~3大匙 |
| 砂糖 | 1~2大匙 |
| 罗勒 | 适量 |

学习正宗的意大利做法！

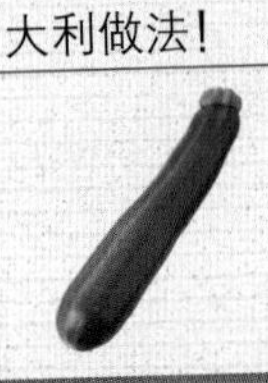

## 绿皮密生西葫芦是意大利的夏季经典蔬菜

绿皮密生西葫芦看上去像是大黄瓜，但实际上却是和南瓜同属一个种类。富含维生素且卡路里含量较低，跟橄榄油更是绝妙的搭配。在意大利它是夏季蔬菜中的经典，不仅果实可以食用，就连花也能在里面塞上菜码，做成油炸食品来食用。

**1** 茄子切成不规则形状。

**2** 将1放入碗中，撒盐后放置30分钟左右，然后用水洗净并拭干水分（参照p21）。

**要点**

茄子里腌出的水分含有涩汁，所以一定要认真清洗。另外，如果不把水分拭干，炒的时候会溅油。

**3** 平底煎锅内加入2大匙橄榄油，文火加热，将2放入烹炒。

**4** 另一口煎锅中放入1大匙橄榄油，文火加热，将切成不规则形状的绿皮密生西葫芦和甜椒放入翻炒。

**5** 西芹切成1cm长，在沸水中加入水量0.5%的盐，将西芹放入其中焯5~7分钟取出。

**6** 锅内放入橄榄油1大匙加热，放入蒜末、洋葱丁，用文火慢慢翻炒。

**7** 番茄热水去皮去种子切成1cm见方（参照p20），和浓缩番茄酱一起放入锅内，轻轻搅拌。

**8** 放入A，轻轻搅拌。

**9** 加入3、4、5，轻轻搅拌。

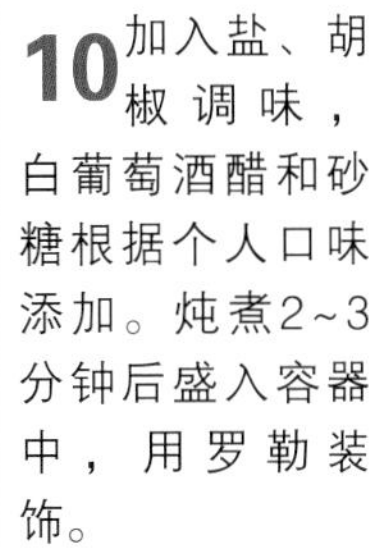

**10** 加入盐、胡椒调味，白葡萄酒醋和砂糖根据个人口味添加。炖煮2~3分钟后盛入容器中，用罗勒装饰。

**要点**

炖煮方法以蔬菜入味即可，炖煮时间过长，会失去蔬菜的口感和颜色。

烹调时间 20分

**原料** [2人份]

甜椒（红、黄）…… 各1个
黑橄榄…… 12粒
鳀鱼…… 2段
鸡蛋…… 6个
鲜奶油…… 2大匙
洋蘑菇…… 4个
牛至…… 2~3枝
意大利芹…… 2~3枝
盐、胡椒…… 适量
橄榄油…… 2大匙

[饰物]

牛至…… 适量

# 意式煎蛋饼

## Frittata

煎蛋饼是加入大量菜码烘烤而成的饼状蛋卷。和使用大量黄油制成的松软的法式煎蛋不同，意式煎蛋是用橄榄油煎烤而成的。食材可随意调整，所以尝试做一下您家独特的“妈妈的味道”吧！

意大利全国

2人份

**1** 甜椒用炉子烤成全黑，去掉皮和种子（参照p21）。切丁并沥干水分。

**2** 黑橄榄切碎，加入切碎的鳀鱼末充分搅拌。

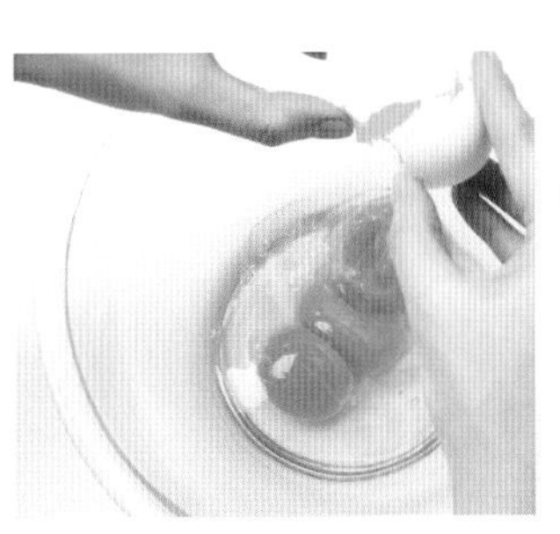

**3** 把鸡蛋打在另一个碗中。

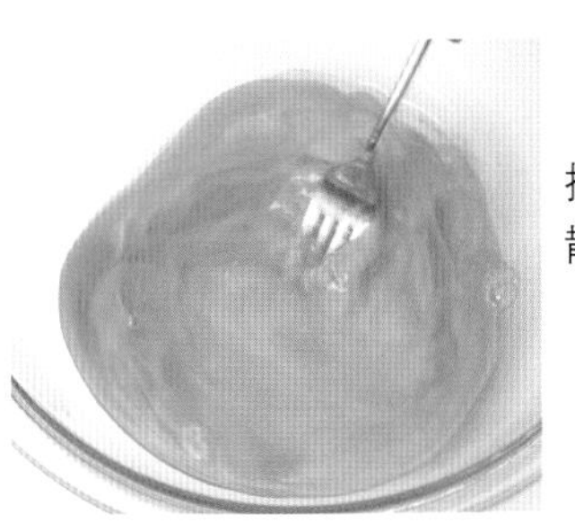

**4** 去除卵带，用叉子充分搅动使鸡蛋蛋清散开。

**5** 在4中加入1、2和鲜奶油，充分搅拌。

**要点**

用打蛋器充分搅拌的话，可以使鸡蛋内充满空气，这样烤出来的鸡蛋饼就会松软可口。

**6** 加入切成薄片的洋蘑菇、牛至叶、意大利芹末，继续搅拌。

**7** 用盐和胡椒调味。

**8** 平底煎锅内倒入橄榄油，加热。

**9** 将7倒入煎锅内。

**要点**

使用直径为18cm的煎锅的话，会煎出很漂亮的圆形。

**10** 盖上锅盖，用中小火蒸烤7~8分钟。盛入容器内，用牛至叶加以装饰。

烹调时间 60分

# 花椰菜布丁

Sformatini di broccoli

原料 [2人份]

花椰菜…………………… 90g

A
- 佩科里诺干酪（擦碎）…………………… 10g
- 肉桂……………… 1小撮
- 盐……………… 1小撮

鸡蛋…………………… 2个

鲜奶油……… 50mL+1大匙

黄油…………………… 10g

胡萝卜…………………… 20g

面粉…………………… 10g

肉汤…………………… 150mL

盐、胡椒……………… 适量

[饰物]

花椰菜…………………… 适量

薄荷…………………… 适量

把原料倒入模具中，用烤箱烘焙出来的菜品，在意大利被称作布丁（Sformatini）。使用花椰菜和佩科里诺干酪做成的布丁可以说是“意大利奶酪风味的蔬菜蒸鸡蛋糕”。味道和外表一样讨人喜欢。

意大利全国

**1** 在布丁模具内侧涂上黄油（分量外）。

要点
模具内侧涂上黄油，做好后容易取下。使用保鲜膜涂抹不会把手弄脏。

**2** 花椰菜分成一小块一小块的，在加入了0.5%盐分的热水中焯2~3分钟，沥干水分。

**3** 将2留出一小部分用作装饰，其余的放到手动搅拌器内打成糊状。

要点
没有手动搅拌器的话，用研钵磨碎也可以。

**4** 把A放入碗中，混合均匀。

**5** 在4的碗内加入3、将鸡蛋打泡出6~7成的鲜奶油50mL，再用打蛋器充分搅拌。

**6** 将5倒入1中的布丁模具内。

**7** 在6上盖上锡纸放到盛好水的耐热盘中，放在180℃的烤箱内蒸烤40分钟。

要点
耐热盘中加入的水量，以高度达到布丁模具1/3处为宜。

**8** 平底煎锅内放入黄油加热，加入磨碎的胡萝卜炒2~3分钟。再加入面粉炒5~6分钟，加入热的肉汤，加热至变成糊状为止。

**9** 在8内加入1大匙鲜奶油，煮开后，用盐和胡椒调味，关火。将做好的沙司在容器底部薄薄地铺上一层，将7中的布丁从模具中取出放在沙司上，用花椰菜和薄荷装饰。

啊！失败了！

✕ 请保证水量！
耐热盘中放入的水量过少，做出的布丁就会太硬，口感就会变坏。

水量标准——布丁模具高度的1/3

原料 [2人份]

小番茄（红、黄）…… 各6个
马苏里拉奶酪（球形）
…………………… 100g
盐…………………… 1小撮
橄榄油……………… 2大匙
岩盐……………… 1/5小匙
罗勒………………… 7~8片

# 卡布里沙拉

Insalata alla caprese 南部地方

在中国也经常能吃到的卡布里沙拉，其来源是意大利语，原意为“卡布里风味”。用小番茄代替番茄干，能够做出外观赏心悦目且口感新奇的卡布里沙拉。

烹调时间 10分

**1** 碗内放入小番茄和马苏里拉奶酪，撒上盐。

要点

若买不到球形的马苏里拉奶酪，可以将普通的马苏里拉奶酪切成和小番茄差不多同样大小的块状备用。

**2** 在1内浇上1大匙橄榄油，充分搅拌。

**3** 和罗勒一起盛入容器内，上面再撒上岩盐和1大匙橄榄油。

学习正宗的意大利做法！

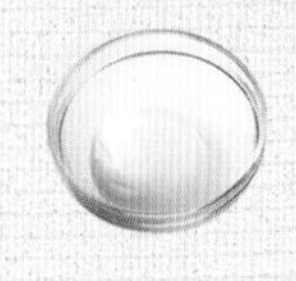

**要使用新鲜的马苏里拉奶酪！**

制作卡布里沙拉和玛格丽特比萨（p100）时必不可少的马苏里拉奶酪，其关键就是要新鲜！切记开封后一定要当天吃完。若有剩余，一定要连水一起放入密闭容器内，冷藏可保存3~4日，冷冻可保存1个月左右。

意大利全国

# 油焖虾仁

Gamberoni all'aglio e olio

肥硕的明虾和入味的洋蘑菇自不必说，充分融合了食材味道的橄榄油也是这道菜品的亮点之一。用略微烘烤过的吐司面包蘸来享用吧！

烹调时间  **15**分

2人份

**原料** [2人份]

虾仁……………………14只
洋蘑菇…………………12个
大蒜……………………2瓣
干辣椒………………1/2个
橄榄油………150mL左右
迷迭香…………………1枝

**1** 在耐热的容器内放入撒过盐的虾仁和洋蘑菇，上面再放上大蒜片和干辣椒（参照p22）。

**2** 在1的容器内放入橄榄油至刚没过食材的程度。

**3** 撒入迷迭香，用大火炖煮10分钟左右。

**1** 将芦笋从根部处切去1cm左右，用削皮器将下半部分的皮削掉（参照p22）。

**2** 用加入0.5%盐的开水轻轻地焯一下。

**3** 煎锅中放入橄榄油加热，将2轻轻煎炒一下，用盐和胡椒调味。

**4** 将3摆放在盘子里，趁热撒上帕尔玛干酪。

**5** 锅内放入较多的水煮沸，倒入1小匙醋，用打蛋器搅动开水。趁开水形成漩涡状时打入鸡蛋。待鸡蛋浮起调整形状，做出一个漂亮的荷包蛋。

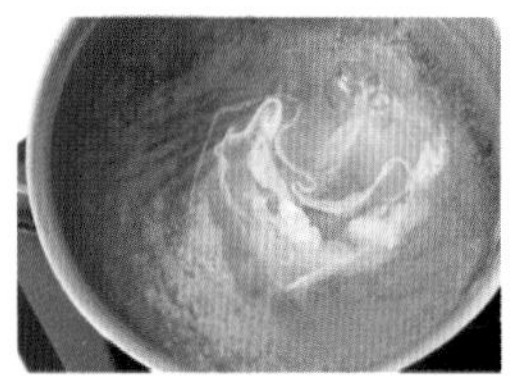

**6** 把5放在4上，捅破蛋清使蛋黄流出。

**7** 碗里放入洋葱末、白葡萄酒醋和芥末。边加入少许橄榄油边搅拌，待其乳化后用盐和胡椒调味。

**8** 将7浇在6的荷包蛋上，并撒入帕尔玛干酪和黑胡椒碎。

# 芦笋荷包蛋

*Asparagi con uova affogate*

意大利全国

随着春天的到来，市场里就能见到芦笋的身影了，而意大利的餐桌上摆着的也正是这道菜。脆脆的芦笋上沾满了荷包蛋黏稠的蛋黄，尽情享用吧。

烹调时间 **20**分

**原料**［2人份］

| | |
|---|---|
| 芦笋 | 4根 |
| 橄榄油 | 1大匙 |
| 盐、胡椒 | 适量 |
| 帕尔玛干酪（擦碎） | 1大匙 |
| 鸡蛋 | 1个 |

［沙司］

| | |
|---|---|
| 洋葱 | 1/8个 |
| 白葡萄酒醋 | 1大匙 |
| 芥末 | 1/4小匙 |
| 橄榄油 | 3大匙 |
| 盐、胡椒 | 适量 |

［润饰］

| | |
|---|---|
| 帕尔玛干酪（擦碎） | 1~2大匙 |
| 黑胡椒碎 | 适量 |

2人份

# 黑葡萄醋炖鸡肉

Pollo all'aceto balsamico

鸡肉和黑葡萄醋，是意大利菜肴中的固定搭配。黑葡萄醋在使鸡肉变软的同时，还能增加独特的水果香味和酸甜口味。做法简单快捷也是其深受欢迎的原因之一。

意大利全国

烹调时间 15分

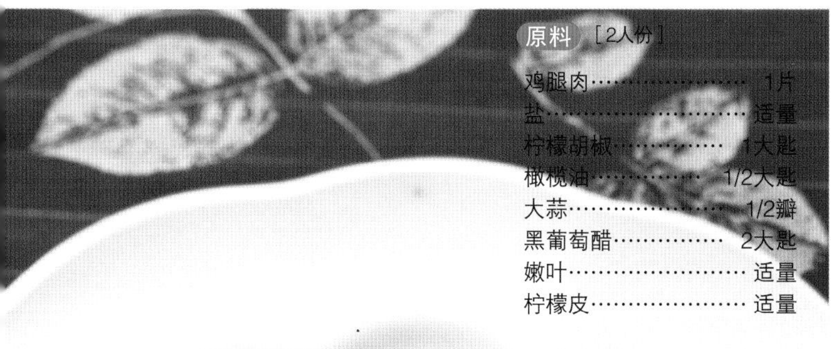

原料［2人份］

- 鸡腿肉……1片
- 盐……适量
- 柠檬胡椒……1大匙
- 橄榄油……1/2大匙
- 大蒜……1/2瓣
- 黑葡萄醋……2大匙
- 嫩叶……适量
- 柠檬皮……适量

2人份

**1** 鸡腿肉切成适当大小，撒上盐和柠檬胡椒。

**Point**
没有柠檬胡椒的话，可以用半个柠檬皮磨碎和少量黑胡椒混合来代替。

**2** 煎锅内倒入橄榄油和蒜片，文火加热，煸出香味。将1中的鸡肉皮朝下放入锅内，双面煎烤使之上色。

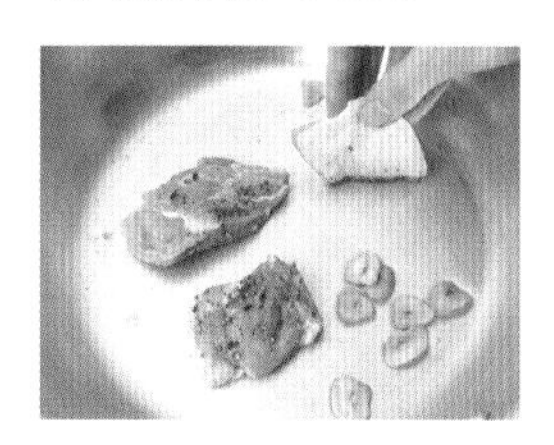

**3** 加入黑葡萄醋，慢火将汤汁熬干。

**4** 盘内放入嫩叶，盛入3中的鸡肉，再撒入柠檬皮的碎屑。

学习正宗的意大利做法！

木桶中正在发酵的黑葡萄醋

**黑葡萄醋要搭配新鲜的马苏里拉奶酪！**

Balsamico在意大利语中是“具有芳香”的意思，是用浓缩的葡萄果汁制成的果醋。用传统制法制作而成的果醋，有的卖价甚至达到1瓶数千元，如果是家庭用的话低端产品就可以了。用文火熬干后，更能增加其香甜浓郁的味道。

看上去更好吃

# 摆盘的窍门

头盘对于外观的美丽有着特别的要求，因为只有这样才能挑起人们的食欲，才会对后续的菜品有更高的期待。只要稍微对摆放方法和色彩用点心思，就能使“外观上的美味”更上一个档次。

## 生鲈鱼薄片

➡ p34

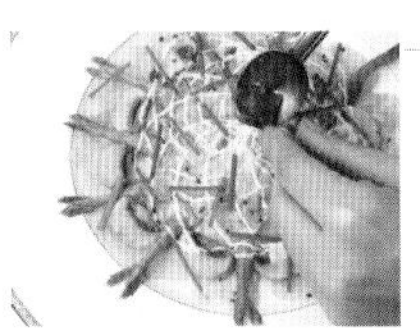

盘中央放入小块番茄，能够和虾的红色相互呼应，OK!

使用白色的盘子，能够使生鱼片和虾的颜色更加引人注目。

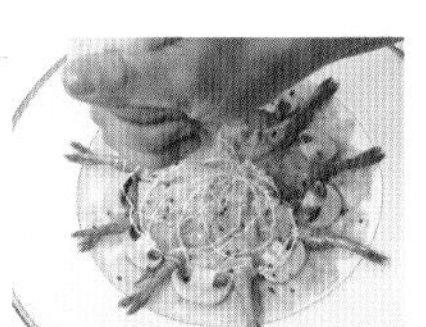

在质地较厚的塑料袋中装入蛋黄酱，再把前端剪一个小口，挤出的蛋黄酱就会又细又均匀。

多采用红色系的食材，撒上虾夷葱段更能增加色彩。

## 番茄泡沙丁鱼

➡ p36

盘底铺上苦苣，使番茄的红色更加引人注目。因为绿色和红色互补，彼此间有着使对方更醒目的作用。

中间再放入苦苣搭配，能够使整体的色彩搭配更加平衡。

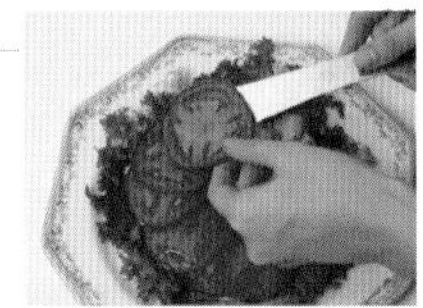

用薄薄的小铲或菜刀摆放的话，番茄片不易碎且能摆放得更加漂亮。

沙丁鱼呈放射状摆放，不仅外观美丽，更方便周围人取用。

第三部分

## 从长面条到意式饺子共22种

# 意大利面

意大利面是作为第一道菜上桌的菜品。这里我们要介绍用大小、形状、粗细各不相同的18种意大利面制作而成的22种菜肴。按照菜谱制作的话，普通的白蛤意大利面和培根鸡蛋意大利面也会变身为正宗的意大利味道。首先，让我们按照图片的顺序从最基本的意大利面开始尝试吧。

Primi piatti

烹调时间 30分

（花蛤吐净泥沙的时间除外）

# 白蛤意大利面

Vongole in bianco

**原料** ［2人份］

| | |
|---|---|
| 意大利面（实心面） | 160g |
| 蛤蜊 | 300g |
| 白葡萄酒 | 50mL |
| 橄榄油 | 2大匙 |
| 大蒜 | 1瓣 |
| 干辣椒 | 1/2个 |
| 煮面条汤 | 150mL |
| 黄油 | 10g |
| 意大利芹 | 适量 |

在浸入蒜香味的橄榄油中加入蛤蜊汤汁，做成黏稠状的沙司。白蛤细面，正是以这种沙司为主料。vongole指的是蛤蜊，bianco是白色的意思，如果在做法的第6步中加入番茄，就变成了红蛤细面（rosso=红色）。

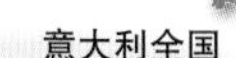


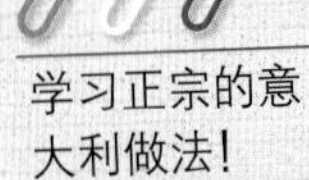

### 蛤蜊要中国产的才鲜美吗?

蛤蜊意大利面中的vongole是贝类的名称，在中国指的是蛤蜊，在意大利能够捡拾到的，正确地说应该是和蛤蜊属同一科目的雕刻帘蛤科的贝类，但是可以用中国的蛤蜊替代。

**1** 锅内放入3L水煮沸，加入30g盐，开始煮面条（参照p26）。

**2** 煎锅内放入吐净泥沙的蛤蜊，加入温白葡萄酒，盖上锅盖。

要点

蛤蜊要事先用3%的盐水使其吐净泥沙，并搓洗干净，参照p25。

**3** 待蛤蜊开口后，在笊篱上铺上打湿的厨房用纸，滤出蛤蜊汤汁。

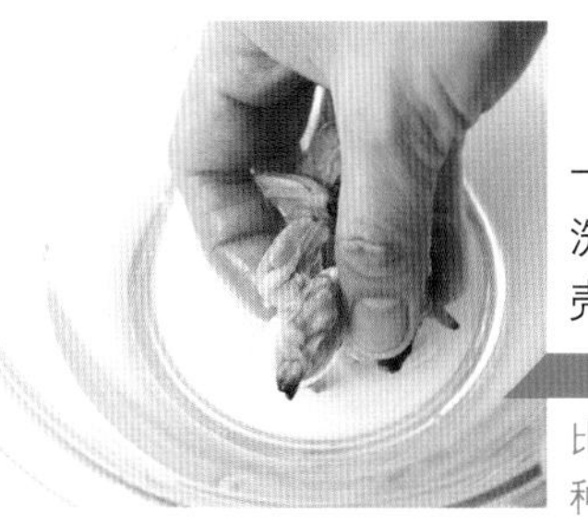

**4** 将蛤蜊分成两份，其中一份去壳，用水洗净，另一份带壳备用。

要点

比起全都带壳，这种做法看起来感觉更好。

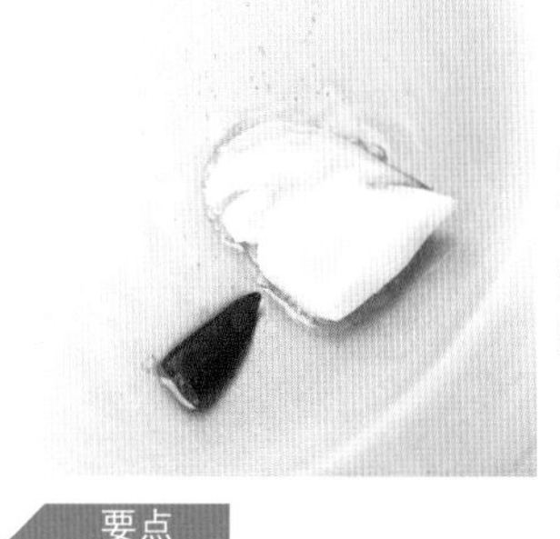

**5** 煎锅内放入橄榄油、压碎的大蒜和干辣椒（参照p22），文火加热，煸出香味。

要点

注意绝对不要烧煳！一旦煳掉的话意大利面上都会沾上煳焦味儿，所以要重新来做。

**6** 在5中加入3中滤出的汤汁，再加入4中的蛤蜊和煮面条汤，掂动煎锅，使汤汁充分乳化，并加以搅拌使之变为黏稠状。

**7** 将1中的意大利面比标示的时间提前3~4分钟出锅，沥干水分。加入6中使之沾满沙司。

**8** 加入黄油，和意大利面一起搅拌均匀。

**9** 待意大利面充分吸收汤汁以后，盛入盘中，撒上切成碎末的意大利芹。

要点

如果提前沥干了意大利面中的水分，在煎锅中和沙司搅拌的时间就要延长3~4分钟。

啊！失败了！

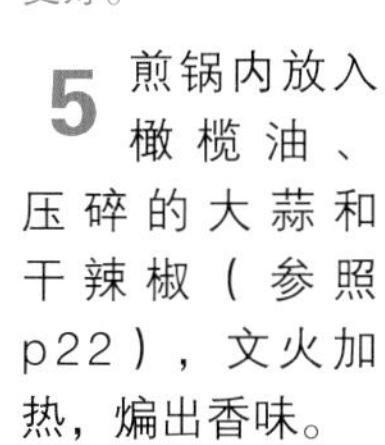

做出了没有味道的意大利面！

在步骤7~9中，如果面条还没有充分吸收沙司就把火关掉的话，做出的面条就淡而无味了。

烹调时间 30分

# 培根蛋酱意大利面

Carbonara

**原料** [2人份]

意大利面（实心面）… 160g
橄榄油………………… 1大匙
大蒜………………… 1瓣
非熏制的咸猪肉
（盐渍猪五花肉）…… 100g
白葡萄酒……………… 100mL
煮面条汤……………… 100mL
A
- 鸡蛋……………… 2个
- 蛋黄……………… 2个
- 帕尔玛干酪（擦碎）…50g
- 盐…………… 大约1/5小匙

黑胡椒碎……………… 适量

培根蛋酱意大利面是意大利的传统特色菜肴，让人印象深刻的是上面撒满了黑胡椒碎。外观看上去就像是烧炭的人在吃意大利面的时候，炭粉稀稀落落地撒在上面的感觉，故而得名。给人的印象好像是在鲜奶油中加入鸡蛋搅拌而成的，但原本却是只用鸡蛋就做出了这种醇厚的味道。

学习正宗的意大利做法！

**要使用味道浓郁的黑胡椒！**

白胡椒是将成熟的果实泡在水中去除表皮后晒制而成的。黑胡椒则是将未成熟的果实连皮一起晒制而成的。因此，与白胡椒相比，黑胡椒味道更浓郁，也更会给人以强烈的冲击感。培根鸡蛋意大利面无论是从外观还是味道来说，胡椒都是关键点，因此一定要选用黑胡椒。

**1** 锅内放入3L水煮沸，加入30g盐，开始煮面条（参照p26）。

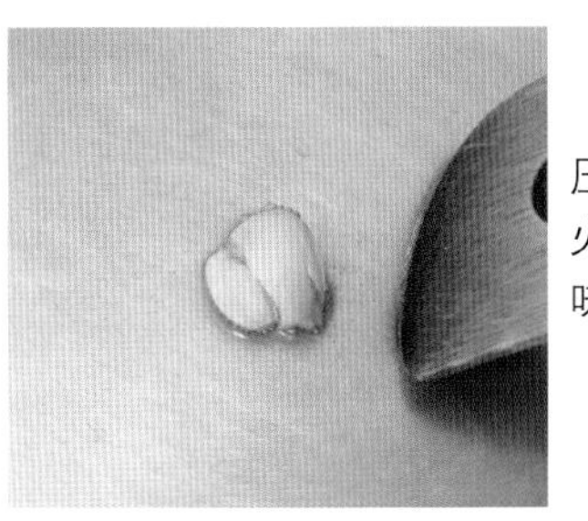

**2** 煎锅内放入橄榄油和压碎的大蒜，文火加热，煸出香味。

**3** 将切成粗细7~8mm的条状咸猪肉放入锅内翻炒，直至炒出其中的油分。

要点

使用咸猪肉更接近正宗的意大利味道，但也可以用熏制的培根替代。

**4** 加入白葡萄酒，调大火使酒精成分蒸发。

**5** 加入面条汤，掂动煎锅，使汤汁充分乳化，并加以搅拌使之变为黏稠状。

**6** 将1中的意大利面比标示的时间提前2分钟出锅，沥干水分。加入5中使之沾满沙司。

**7** 碗中加入A和少量黑胡椒碎，充分搅拌。

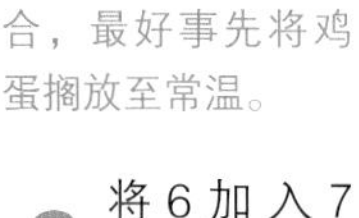

要点

为了让鸡蛋和意大利面能够更好地融合，最好事先将鸡蛋搁放至常温。

**8** 将6加入7中。

要点

利用意大利面的余热来给鸡蛋加热。迅速搅拌，鸡蛋不会凝固，就能做出湿润的感觉。

要点

如果蛋清过稀，就要倒回煎锅内，用极小火加热同时快速搅拌，这样就能使蛋液变得黏稠的同时跟意大利面很好地融合。

**9** 盛入盘中，撒上黑胡椒碎。

要点

撒在上面的胡椒是决定味道的关键！一定要使用当场研磨出来的味道浓郁的黑胡椒！

# 墨鱼汁意大利面

北部地

*Spaghetti al nero di seppia*

墨鱼汁意大利面是威尼斯地区代表性的意大利面，名字当中的“nero”是“黑色”的意思。据说其名字来源于墨鱼汁会使舌头变黑的缘故。其中散发出令人怀念的海水味儿和浓厚深醇的味道，让人不由自主地想要食用，是很受欢迎的一款意大利面。

烹调时间  **40**分

**原料** ［2人份］

| | | | |
|---|---|---|---|
| 意大利面（实心面） | 160g | 墨鱼汁沙司（市售品） | 1袋（4g） |
| 枪乌贼（肠子和身体部分） | 1只 | 白葡萄酒 | 100mL |
| 橄榄油 | 2大匙 | 浓缩番茄酱 | 1/2大匙 |
| 大蒜 | 1瓣 | 盐、胡椒 | 适量 |
| 干辣椒 | 1/2个 | 煮面条汤 | 100mL |
| 意大利芹 | 适量 | | |

**1** 锅内放入3L水煮沸，加入30g盐，开始煮面条（参照p26）。

**2** 处理鱿鱼，将肠子取出（参照p24），身体部分切成环状。

**3** 煎锅内放入橄榄油和压碎的大蒜，文火加热，煸出香味。

**4** 加入干辣椒（参照p22）、切成末的意大利芹和2中切成环状的鱿鱼翻炒。鱿鱼轻微翻炒一下就可取出。

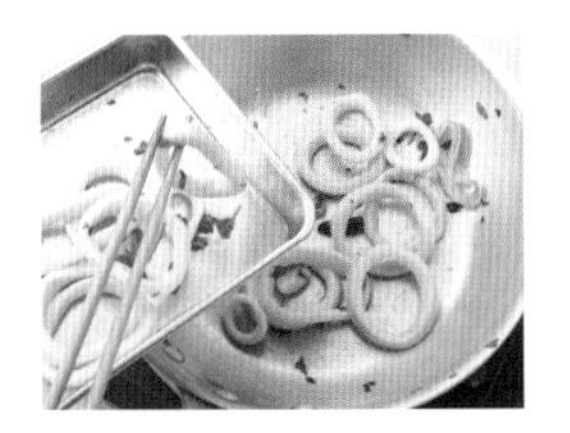

**5** 在4中加入步骤2中的鱿鱼肠子和墨鱼汁沙司、白葡萄酒以及浓缩番茄酱，沸腾后再炖煮10分钟左右。

**6** 加入盐和胡椒调味，加入面条汤，如果酸味过重就加入少量砂糖。再将步骤4中取出的鱿鱼放回锅内。

**7** 将1中的意大利面比标示的时间提前2分钟出锅，沥干水分。加入6中搅拌2分钟使之沾满沙司。盛入盘中，撒上意大利芹末。

# 凤尾鱼番茄沙司意大利面（烟花女意大利面）

Spaghetti alla puttanesca

之所以有“烟花女意大利面”这样的叫法，可能是源于下面的说法，“在妓女等待客人那样的短暂时间里就能轻松做出来”或是“因为太好吃了所以做出这道菜品用以吸引客人”。这款意大利面是那不勒斯的有名菜品，其特点就是针刺一般辛辣的刺激味道。

南部地方

烹调时间 30分

原料［2人份］

| | | | |
|---|---|---|---|
| 意大利面（实心面） | 160g | 刺山柑 | 20粒 |
| 番茄 | 1个 | 黑橄榄 | 10粒 |
| 整番茄罐头 | 200g | A 煮面条汤 | 100mL |
| 橄榄油 | 1大匙 | A 橄榄油 | 2大匙 |
| 大蒜 | 1瓣 | 盐、胡椒 | 各适量 |
| 干辣椒 | 1个 | 意大利芹 | 适量 |
| 鳀鱼 | 3条 | | |

1 锅内放入3L水煮沸，加入30g盐，开始煮面条（参照p26）。

2 将番茄用热水去皮，去除籽，切得碎碎的（参照p20）。整番茄罐头过滤备用。

3 煎锅内放入橄榄油、压碎的大蒜和干辣椒（参照p22），文火加热，煸出香味。

4 加入切碎的鳀鱼末，充分搅拌，等炒出香味后，加入刺山柑、橄榄和步骤2的食材，充分搅拌，炖3~4分钟。

5 加入A，掂动煎锅，充分搅拌至汤汁乳化变为黏稠状。加入盐和胡椒调味。

**要点**

菜品中放入的鳀鱼、刺山柑、黑胡椒等都是含有很多盐分的食材，因此要先尝好味道，没有必要的话也可以不用加盐。

6 将1中的意大利面比标示的时间提前2分钟出锅，沥干水分。加入5中搅拌2分钟使之沾满沙司。盛入盘中，撒上意大利芹末。

烹调时间 **40**分

# 三文鱼奶油意大利面

*Fettuccine al salmone*

**原料** [2人份]

意大利面（宽面条）… 120g
三文鱼（新鲜）…… 70~80g
盐、胡椒…………… 各适量
黄油………………………20g
柠檬汁………………… 1小匙
纯酸乳酪……………… 50mL
煮面条汤…………… 100mL
鸡蛋黄……………………1个
芝麻菜………………… 适量

三文鱼奶油意大利面是在罗马经常能吃到的一种意大利面。味道跟培根蛋酱意大利面很相似，但是不使用乳酪。饱含脂肪的三文鱼的味道在这道菜品中会充分显现出来，和酸乳酪也是绝佳的搭配。优雅柔和的口感，再加上柠檬的清爽酸味，绝对刺激你的味蕾！

**1** 锅内放入3L水煮沸，加入30g盐，开始煮面条（参照p26）。

**2** 三文鱼去皮，切成稍大一点的块状，用盐和胡椒腌渍入味。

**3** 在稍大一点的煎锅内放入一半份量的黄油，文火加热。

要点

黄油如果弄糊的话，颜色会沾到三文鱼上，做出来的菜品就不好看，因此要用文火慢慢熔化以免煳锅。

**4** 黄油熔化后加入柠檬汁和2，注意用文火双面煎烤，以免出现焦痕。

要点

奶油意大利面要想做出来是白色的，在这一步中就一定要注意不要在三文鱼上弄出焦痕。

**5** 加入酸乳酪，轻轻搅拌。

要点

有时也在“三文鱼奶油意大利面”中使用新鲜的奶油，这里为了增加酸味，使用酸乳酪。

**6** 加入剩余的黄油，用盐调味。

要点

步骤4~6中如果过度翻动，三文鱼会碎掉，因此一定要小心！

**7** 将1中的意大利面比标示的时间提前2分钟出锅，沥干水分。加入6中搅拌使之沾满沙司。

要点

为了不煳锅，仍然要用文火烹调。

**8** 加入面条汤。

要点

为了稍后能让鸡蛋和意大利面充分融合，要在这一步加入面条汤。

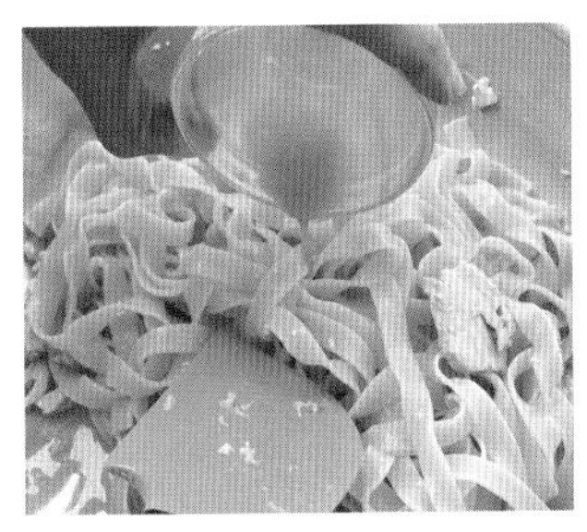

**9** 加入放至常温后调开的鸡蛋黄，撒入胡椒并快速搅拌。盛入盘中，加入切碎的芝麻菜点缀。

啊！失败了！

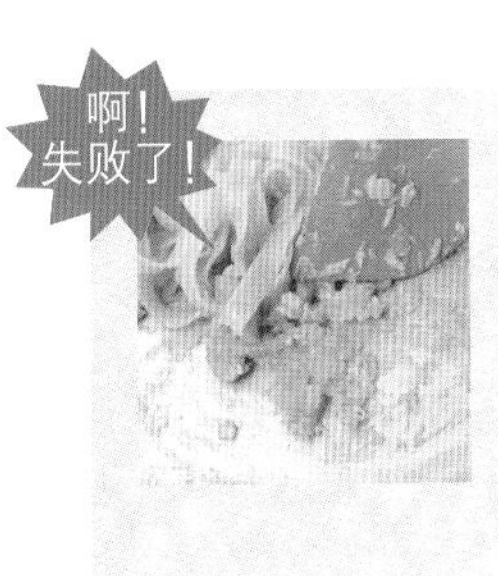

**鸡蛋没有沾到意大利面上而是变成了炒鸡蛋**

在步骤8和9中如果火力过大，面条汤都煮干了的话，鸡蛋就不能黏黏地粘到意大利面上，就会变成炒鸡蛋的状态了。

# 梭子蟹意大利面

*Linguine al granchio*

虽然是豪华的意大利面，可是做法却是出乎意料的简单。将螃蟹用火烧过，再加入番茄罐头，剩下的就只是和意大利面搅拌了。螃蟹浓厚的汤汁和番茄的甜味融为一体，在这样的沙司中加入扁扁的面条，扁面条和沙司充分融合，真是无法言喻的美味！

南部地方

烹调时间 **40分**

**原料** [2人份]

意大利面（扁面条）…… 160g
梭子蟹…… 1只
整番茄罐头…… 100g
橄榄油…… 1大匙
大蒜…… 1/2瓣
干辣椒…… 1/2个
白葡萄酒…… 50mL
煮面条汤…… 100mL
盐、胡椒…… 各适量
意大利芹…… 1枝

**1** 锅内放入3L水煮沸，加入30g盐，开始煮面条（参照p26）。

**2** 将梭子蟹处理后，切成合适的大小（参照p24）。整番茄罐头过滤备用（参照p20）。

**3** 煎锅内放入橄榄油、压碎的大蒜和干辣椒（参照p22），文火加热，煸出香味。

**4** 加入2中的梭子蟹，大火翻炒，等螃蟹变红后加入白葡萄酒用火烧过。加入面条汤，掂动煎锅，充分搅拌至汤汁乳化变为黏稠状。

**要点**

“flambe”指的是“用火烧使酒精成分挥发，而保留了香气和味道”。

**5** 加入2中的番茄罐头，充分搅拌。沸腾后，加入盐和胡椒调味。

**6** 将1中的意大利面比标示的时间提前2分钟出锅，沥干水分。加入5中搅拌2分钟使之沾满沙司。盛入盘中，用意大利芹叶点缀。

**Point**

买不到新鲜梭子蟹的话，也可以使用蟹罐头。在加入番茄罐头的同时，加入蟹罐头即可。

# 柠檬风味意大利面

Capellini all'olio e limone

意大利南部沿海地区经常食用的贻贝，和同为南部地区盛产的柠檬是绝妙的组合。以柠檬为主体的清淡的沙司，刚好搭配容易被沙司包裹的极细的天使面。

烹调时间 **25**分

**原料** [2人份]

意大利面（天使面）… 120g
贻贝…………………… 10个
虾仁…………………… 10只
橄榄油………………… 2大匙
洋葱…………………… 1/2个
白葡萄酒……………… 1大匙
煮面条汤……………… 100mL
盐、胡椒……………… 各适量
柠檬汁………………… 1个的量
罗勒…………………… 4~5片

**1** 锅内放入3L水煮沸，加入30g盐，开始煮面条（参照p26）。

**2** 将贻贝用钢丝球好好刷洗，拔去足丝（参照p25）。将虾仁背部拉开一个切口。

**3** 煎锅内放入橄榄油和切碎的洋葱末，炒至洋葱变软。

**4** 在3中加入2，充分搅拌，加入白葡萄酒，盖上锅盖到贻贝开口为止。等贻贝开口后，加入面条汤，掂动煎锅，充分搅拌至汤汁乳化变为黏稠状。

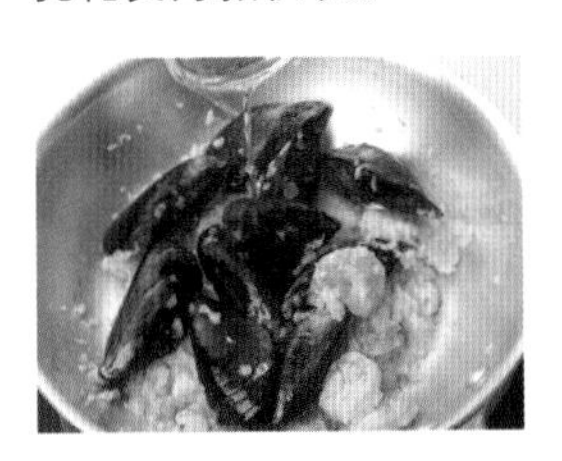

**5** 将1中的意大利面按标示的时间煮好，沥干水分。加入4中和沙司轻轻搅拌均匀。

**6** 用盐和胡椒调味，洒入柠檬汁快速搅拌。

**7** 盛入盘中，撒上罗勒。

烹调时间 40分

（泡发番茄干的时间除外）

# 虾肉末意大利面

Tagliolini al sugo di gamberetti

**原料**［2人份］

意大利面（宽扁面）… 160g
整虾（中）…………… 6只
洋葱………………… 1/4个
甜椒（红、黄）（大）……
各……… 1/3个（各50g）
绿皮密生西葫芦…… 1/3根（50g）
番茄干………… 1个（2片）
肉汤………………… 50mL
橄榄油……………… 1大匙
美式沙司（市售）… 75mL
煮面条汤…………… 100mL
盐、胡椒…………… 各适量
橄榄油（调味用）…… 少许
芝麻菜……………… 2棵

意大利人特别喜欢吃虾。不光是切成肉末的虾身，就连虾壳汤也被用于制作沙司，真是物尽其用。再加上番茄干的独特风味，其美味让人赞不绝口。

学习正宗的意大利做法！

**用煮面条汤来使乳化更加安定**

将水和油混合在一起时，晃动、搅拌、炖煮都是为了让互不相溶的水和油一体化（乳化），使味道变得更好。加入面条汤是因为面条汤中包含的蛋白质有着使这种乳化状态更加安定的作用。

1 锅内放入3L水煮沸，加入30g盐，开始煮面条（参照p26）。

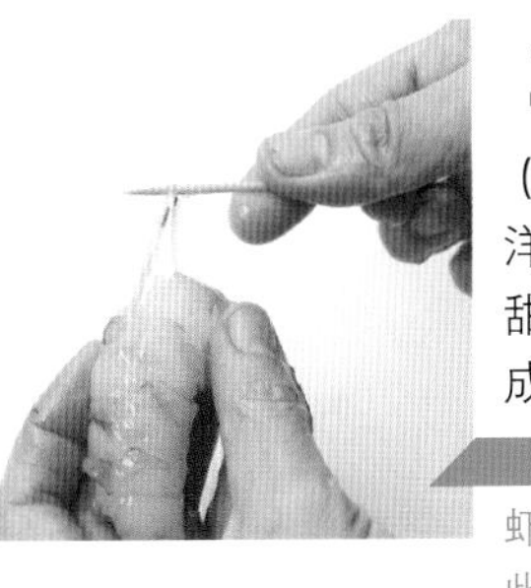

2 虾剥皮，去除虾线，剁碎（参照p25）。洋葱切成薄片，甜椒和西葫芦切成细丝。

要点

虾壳用来熬汤，因此先不要扔掉。

3 番茄干泡发，用微波炉加热20秒后切丁（参照p21）。

4 锅内放入肉汤，煮沸后将步骤2的虾壳放入其中，熬煮5~6分钟。

5 将4用笊篱过滤。

要点

花费步骤4和5的一点点功夫，就能够从虾壳中熬出美味的汤汁，能做出正宗的味道。

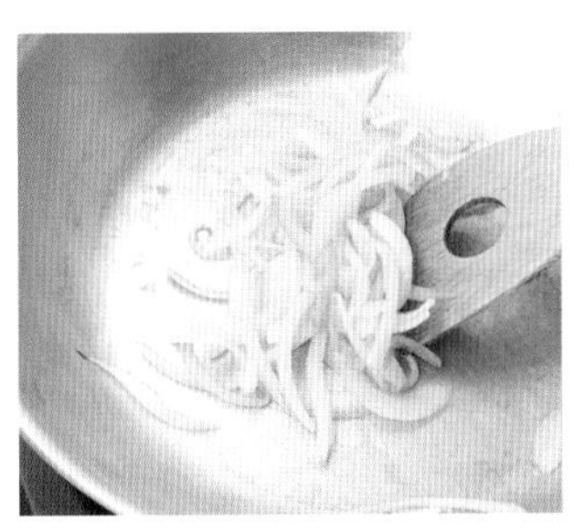

6 煎锅内加入橄榄油和步骤2中的洋葱，炒至洋葱变软。

7 将步骤2中的甜椒和西葫芦，步骤5中的虾汤加入锅内，炖5~6分钟。

8 加入美式沙司、步骤2中的虾和3，用文火熬煮7~8分钟，用盐和胡椒调味。加入面条汤充分搅拌。

9 将1中的意大利面比标示的时间提前2分钟出锅，沥干水分。放入8中搅拌2分钟使之沾满沙司。

10 洒入橄榄油调味，加入切成3cm长的芝麻菜，盛入盘中。

# 油渍沙丁鱼和马苏里拉奶酪意大利面

*Conchiglie alle sarde*

贝壳形的可爱意大利面“conchiglie”和海鲜类特别相配。因为使用的是罐装的油渍沙丁鱼，所以想做的时候立刻就能做出来。油渍沙丁鱼根据品牌不同，含盐量会有差别，因此要先尝尝味道，再调节咸淡味。

烹调时间 **30**分

**原料** [2人份]

意大利面(贝壳面)··· 160g
油渍沙丁鱼(罐头)··· 6条
橄榄油·················· 1大匙
小番茄····················· 6个
煮面条汤··············· 100mL
马苏里拉奶酪(球形)··· 50g
盐、胡椒··············· 各适量

**1** 锅内放入3L水煮沸，加入30g盐，开始煮面条（参照p26）。

**2** 将油渍沙丁鱼对半切开。

**3** 煎锅中放入橄榄油，文火加热，放入步骤2中的油渍沙丁鱼和小番茄，炒至番茄表面出现龟裂。

**4** 加入面条汤，掂动煎锅，充分搅拌至汤汁乳化变为黏稠状。

**5** 将1中的意大利面比标示的时间提前2分钟出锅，沥干水分。和马苏里拉奶酪一起加入4中搅拌2分钟使之沾满沙司。

**6** 用盐和胡椒调味，盛入容器中。

**要点**

油渍沙丁鱼要提前从罐中取出来，沥去油分。也有连油一起使用的，但那样会稍微油腻一些。

# 番茄扁豆肉汤意大利面

Pasta e fagioli

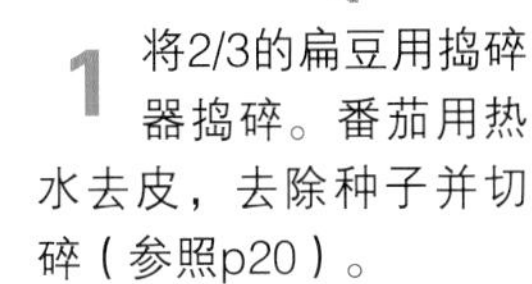


Fagioli指的是扁豆。在意大利北部茶色扁豆受到喜爱，中部则是白色扁豆比较受欢迎。意大利面则是那种像戒指那样中间有孔的，特别小的环形面。因为很快就能煮好，因此不用提前煮好，而是放到一起煮就可以了。

烹调时间  **30分**

**原料** [2人份]

| | |
|---|---|
| 意大利面(环形面)··· | 100g |
| 白扁豆（水煮）······ | 200g |
| 番茄······················ | 1个 |
| 橄榄油················· | 1大匙 |
| 大蒜···················· | 1/2瓣 |
| 干辣椒················· | 1/2个 |
| 迷迭香················· | 1/2枝 |
| 热水···················· | 400mL |
| 盐、胡椒·············· | 各适量 |

**1** 将2/3的扁豆用捣碎器捣碎。番茄用热水去皮，去除种子并切碎（参照p20）。

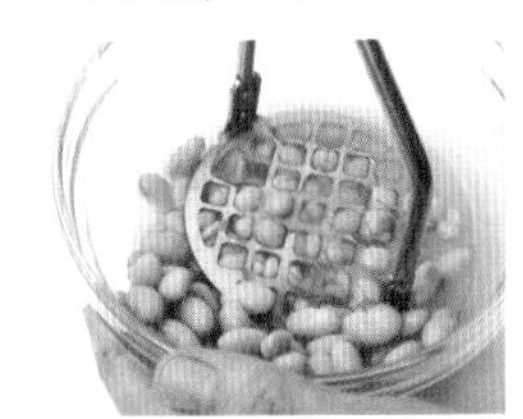

**2** 锅内放入橄榄油、压碎的大蒜和干辣椒（参照p22），放入迷迭香的叶子，文火加热，煸出香味。

**3** 在2中放入1、400mL的热水和意大利面，熬煮10分钟左右。

**4** 待意大利面变软后，加入剩余的扁豆，用盐和胡椒调味，盛入容器中。

**要点**

环形面煮很短的时间就能变软。如果炖的时间太长，汤汁都被面条吸收了，水分就会变少，这一点一定要注意！

烹调时间 40分

（泡发干牛肝菌的时间除外）

# 肉酱通心粉

*Rigatoni alla bolognese*

说起博洛尼亚风格（bolognese），指的就是肉酱沙司。将肉香味和蔬菜的鲜味浓缩在一起的浓稠的沙司，和粗筒状的波纹贝壳状通心粉是超级搭配，就连孔中也会沾满沙司，好吃满意度100%。肉馅不要弄得碎碎的，要有大块肉馅才好吃。

中部地方

**原料** ［2人份］

- 意大利面（通心粉）…… 160g
- 洋葱…… 1/4个
- 人参…… 1/4个
- 西芹…… 1/4棵
- 干牛肝菌…… 3g
- 水…… 50mL
- 橄榄油…… 1大匙
- 大蒜…… 1/2瓣
- 牛肉馅…… 125g
- 非熏制的咸猪肉（盐渍猪五花肉）…… 20g
- 红葡萄酒…… 50mL
- 浓缩番茄酱…… 25g
- A：肉汤…… 300mL
- A：泡发干牛肝菌汤汁 50mL
- 盐、胡椒…… 各适量
- 煮面条汤…… 100mL

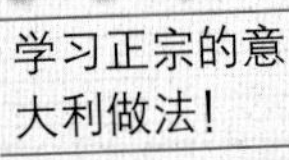

学习正宗的意大利做法！

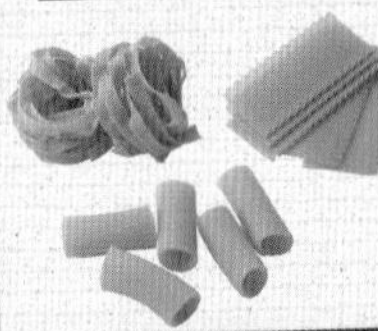

### 博洛尼亚风格更适合粗壮的意大利面！

博洛尼亚风格沙司，是浓稠的肉酱沙司。在意大利，将这种沙司和意大利面搭配的时候，为了能撑住沙司的重量，意大利面要选择宽面条或意大利千层面，如果是短面条的话，波纹贝壳状通心粉或是斜切通心粉则比较适合。

**1** 锅内放入3L水煮沸，加入30g盐，开始煮面条（参照p26）。

**2** 洋葱、胡萝卜、西芹、泡发干牛肝菌切末。

要点

干牛肝菌一定要泡发后才能使用，参照p22。

**3** 煎锅内放入橄榄油和切碎的蒜末，文火加热，煸出香味。

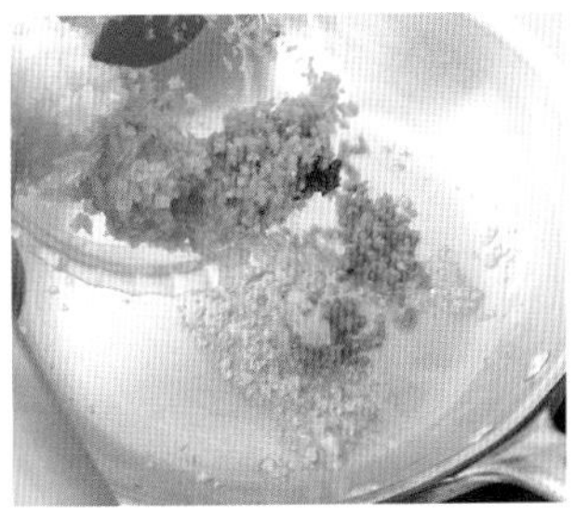

**4** 火候调至中火，加入2。

**5** 蔬菜如图片炒至变软。

要点

决定沙司味道的Soffritto就做好了。Soffritto：将带有香气的蔬菜切碎煸炒而成。

**6** 加入牛肉馅和切碎的咸猪肉翻炒。

要点

不要过度搅拌，以免把肉馅弄得太碎。炒至上色为止就停止搅拌，肉馅保留大块状会使肉的味道更好。

**7** 加入红葡萄酒，调成大火使酒精成分挥发。

**8** 加入浓缩番茄酱和A。

**9** 文火炖煮至汤汁量变为1/3，用盐和胡椒调味。加入面条汤，掂动煎锅，充分搅拌至汤汁乳化变为黏稠状。

**10** 将1中的意大利面比标示的时间提前2分钟出锅，沥干水分。加入9中搅拌2分钟使之沾满沙司，最后盛入容器中。

# 圆白菜鳀鱼意大利面

*Fusilli con cavolo e acciughe*

螺旋面（fusilli）是“缠线板”的意思。弯曲的形状特别容易挂住沙司，因此搭配的沙司经常做成清淡的油沙司。将螺旋面和蔬菜一起煮的话，就会吸收蔬菜的香味，更容易和食材、沙司融合。

烹调时间 **25分**

意大利全国

**原料**［2人份］

意大利面（螺旋面）… 120g
橄榄油…………………… 3大匙
大蒜………………………… 1瓣
干辣椒…………………… 1/4个
鳀鱼………………………… 10g
圆白菜…………1/4个（50g）
西兰花（大）…1/7棵（50g）
煮面条汤………………100mL
盐、胡椒………………各适量

［饰物］
小番茄……………………适量
橄榄油……………………适量

**1** 煎锅内放入橄榄油、压碎的大蒜和干辣椒（参照p22），文火加热，煸出香味。

**2** 加入切成小块的鳀鱼，轻轻翻炒的同时使其散开，然后端离炉火。

**3** 锅内放入3L水煮沸，加入30g盐，开始煮面条（参照p26）。

**4** 圆白菜切块，西兰花分成一小块一小块的。

**5** 等3中的面条快要煮好时，加入4一起煮。

**6** 将意大利面比标示的时间提前2分钟出锅，沥干水分，加入2中。加入面条汤，掂动煎锅，充分搅拌2分钟至汤汁乳化变为黏稠状。用盐和胡椒调味。

**要点**

鳀鱼中含盐分较多，因此加盐之前一定要先尝尝味道，有必要的话再稍加一点。

**7** 盛入盘中，用切成月牙状的小番茄加以装饰，再洒入橄榄油。

# 辣味通心粉

Penne all'arrabbiata

称其为“愤怒的（arrabbiata）意大利面”再合适不过了。有着辣椒的辣味，吃到嘴里身体一下子就热起来了。Penne，原意是“笔尖”，这种意大利面质地厚实口感柔韧，非常适合搭配辣酱沙司那种味道浓烈的沙司。

烹调时间 25分 （制作番茄沙司的时间除外）

意大利全国

**原料** ［2人份］

意大利面（斜切通心粉）… 160g
橄榄油………………………… 2大匙
大蒜…………………………… 1/2瓣
干辣椒………………………… 1个
番茄沙司（参照p18）… 200mL
盐、胡椒…………………… 各适量
煮面条汤…………………… 100mL
帕尔玛干酪（擦碎）……… 2大匙

**1** 锅内放入3L水煮沸，加入30g盐，开始煮面条（参照p26）。

**2** 煎锅内放入橄榄油、切成薄片的大蒜和切成圈状的干辣椒（参照p22），文火加热，煸出香味。

**要点**
如果不想弄得太辣，可将干辣椒放到锅里稍微煸炒一下取出。

**3** 加入番茄沙司充分搅拌，用盐和胡椒调味。

**4** 加入面条汤，掂动煎锅，使汤汁充分乳化，并加以搅拌使之变为黏稠状。

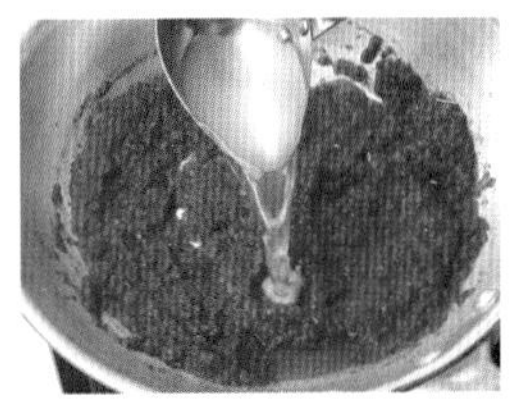

**5** 将1中的意大利面比标示的时间提前2分钟出锅，沥干水分。加入4中搅拌2分钟使之沾满沙司。

**6** 盛入容器中，撒上帕尔玛干酪。

**要点**
与长面条相比，短面条更容易粘在一起，因此放入热水中以后要马上搅动，使其能够漂浮在水面上。煮的火候，要以尝起来稍微有点硬芯为宜。跟长面条相比，短面条即使煮得软一点也会很好吃。

烹调时间 30分

**原料** [2人份]

意大利面（蝴蝶形面）… 120g
茄子…… 2根
橄榄油…… 2大匙
番茄…… 2个
大蒜…… 1/2瓣
盐、胡椒…… 各适量
罗勒…… 2~3片
煮面条汤…… 100mL
佩科里诺干酪（擦碎）……30g
意大利芹…… 适量

# 茄子番茄意大利面

Farfalle con le melanzane

Farfalle是蝴蝶的意思。面如其名，是一种呈现出蝴蝶形状的可爱的意大利面。质地较厚的中心部分和质地较薄的两翼部分，截然不同的两种口感很让人期待。沙司则是意大利人最喜欢的茄子和番茄的最佳搭配，是绝对好吃的组合。

学习正宗的意大利做法！

**通过去除茄子的涩汁来提升口感！**

意大利语中茄子写作“melanzane”。茄子吸油，适合用作煎、烤、炸等各种做法中。但因为茄子涩味较重，所以在烹调的时候，切完以后要立刻撒上盐放置30分钟左右（参照p21）。这样的一点工夫，就会让茄子的味道提升一个档次。

**1** 锅内放入3L水煮沸，加入30g盐，开始煮面条（参照p26）。

**2** 茄子切成每段5～6mm长，去除涩汁（参照p21）。煎锅内放入1大匙橄榄油加热翻炒后取出。

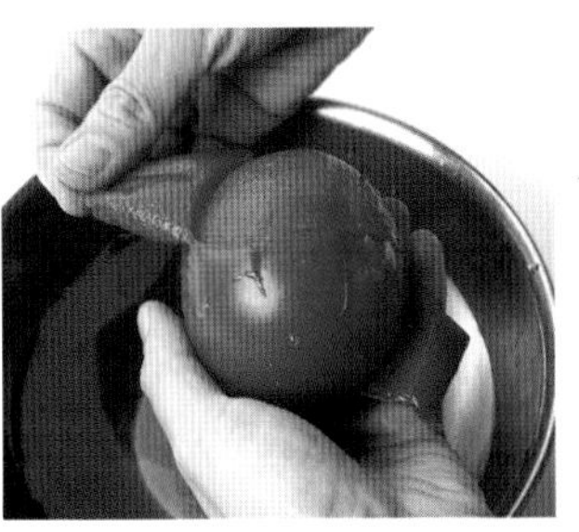

**3** 将番茄用热水剥皮、去籽，切成小块（参照p20）。

**4** 煎锅内放入1大匙橄榄油和压碎的大蒜，文火加热，煸出香味。

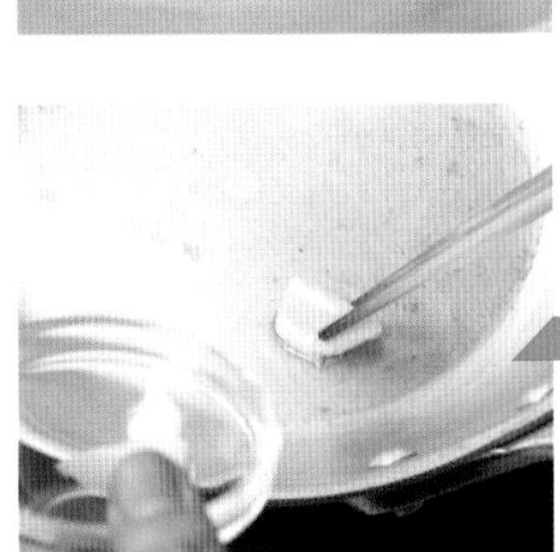

**5** 待香味出来后，把大蒜取出。

要点

该步骤只是把大蒜的香味移至橄榄油中，因此，香味出来后就可将大蒜取出。

**6** 加入3，用中火炖10分钟左右，同时要将番茄捣碎。

**7** 加入盐、胡椒、切碎的罗勒和面条汤，调味。

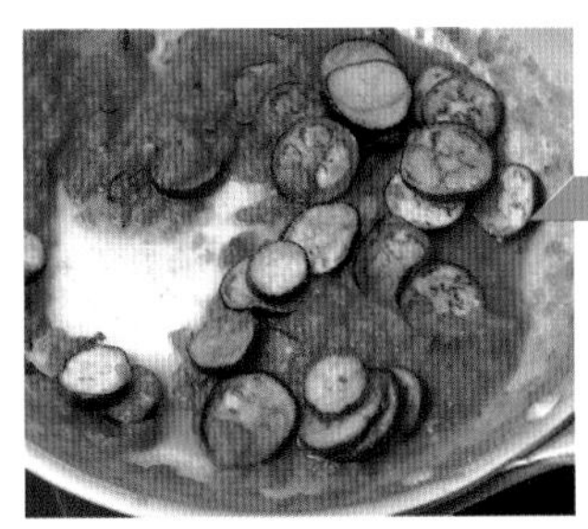

**8** 加入2，翻炒。

要点

因为已经炒过一次，所以在这里轻轻翻动即可。

**9** 将1中的意大利面比标示的时间提前2分钟出锅，沥干水分。加入8中和沙司一起搅拌2分钟。盛入盘中，撒入佩科里诺干酪和切碎的意大利芹末。

口感太软了……

各部位厚度不同的蝴蝶面，最难的就是煮的火候了。试吃的时候，捏在一起的中心部分稍稍留有一点硬芯，这样火候就刚刚好了。

烹调时间 35分

（制作肉酱沙司和奶油沙司的时间除外）

# 博洛尼亚千层面

**原料** ［2人份］

- 意大利面（千层面）··· 3片
- 肉酱沙司（参照p19）········· 350g
- 奶油沙司（参照p19）········· 350mL
- 帕尔玛干酪（擦碎） 1/3杯
- 意大利芹········· 适量

众所周知，博洛尼亚风格肉酱沙司的固定搭配，就是千层面。味道浓厚分量充足，任何人都喜欢，最适合用来招待客人。可以使用市面上销售的奶油沙司和肉酱沙司，不过还是自己亲手制作的味道更地道。沙司能够长期保存，所以一次性多做些吧。

学习正宗的意大利做法！

**不单单是博洛尼亚风味的千层面！**

虽然提起意大利千层面，通常指的是博洛尼亚千层面，但也可以用由罗勒或松子制作而成的青酱沙司来代替肉酱沙司，或是使用海鲜沙司来代替。当地还有各种各样的千层面，习惯了的话就来尝试做一下属于自家的独特味道吧。

**1** 制作肉酱沙司和奶油沙司（参照p19）。

**2** 锅内放入3L水煮沸，加入30g盐和少量橄榄油。

要点

一定要用大锅，放入足够的热水烧开。加入少量的橄榄油面条不容易粘在一起。

**3** 将面条煮的软硬适中。

要点

一片片放入锅内，面条间插入夹子或筷子，注意煮的时候不让面条粘在一起。煮7~8分钟后捞出一片，咬一咬边缘，如果硬度合适就可以出锅了。

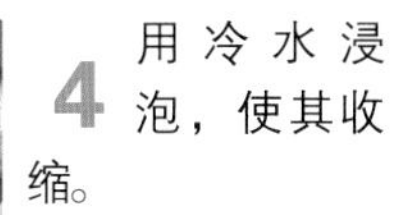

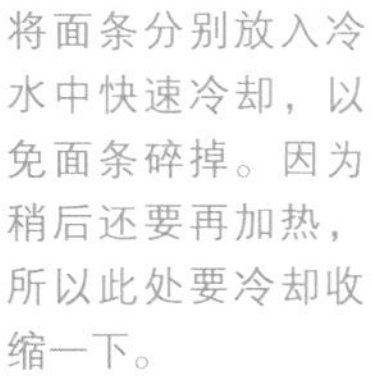

**4** 用冷水浸泡，使其收缩。

要点

将面条分别放入冷水中快速冷却，以免面条碎掉。因为稍后还要再加热，所以此处要冷却收缩一下。

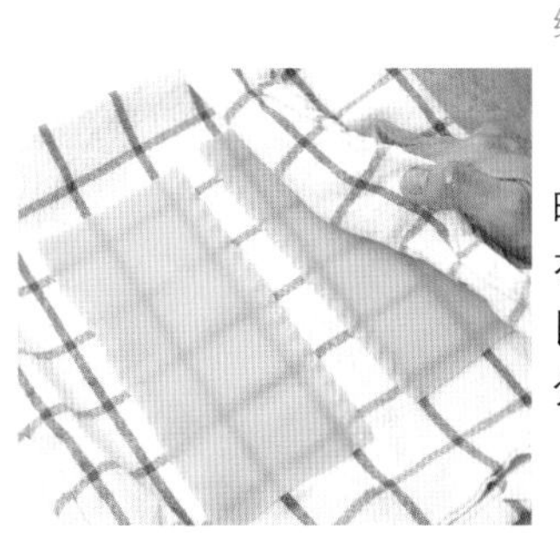

**5** 将面条放到干燥的布上晾开，同时要用布把面条包裹住以吸干其中的水分。

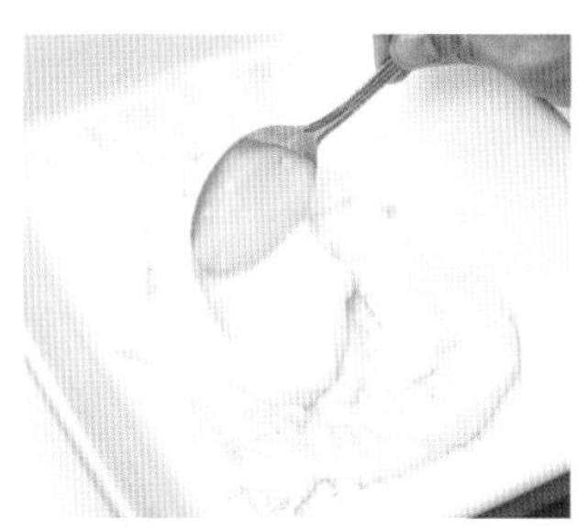

**6** 在烤盘内涂上奶油沙司。

**7** 再放入肉酱沙司，用勺子摊平。

**8** 撒上帕尔玛干酪。

要点

将成块的帕尔玛干酪磨碎后使用，香气和味道绝对会变得非常地道。

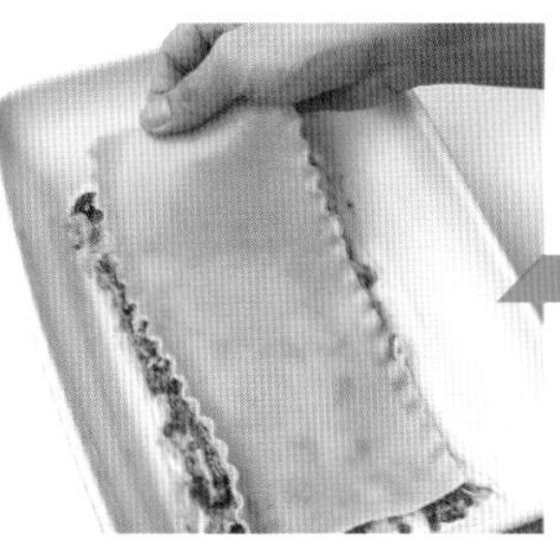

**9** 将5中的面条放在上面。

要点

面条可适当弯曲以使其适合烤盘的大小。

**10** 将步骤6~9反复操作3次，最后在上面涂上奶油沙司和肉酱沙司，撒上帕尔玛干酪。在预热为250℃的烤箱内加热10~15分钟，烤得恰到好处。最后撒上切碎的意大利芹。

烹调时间 30分

（花蛤吐净泥沙和制作新鲜面条的时间除外）

# 海鲜意大利面

Fettuccine ai frutti di mar

被地中海环绕的意大利，使用新鲜的海鲜制作的意大利面，无论是在家庭还是在小餐馆都非常受欢迎。饱含了虾和贻贝鲜味的沙司和宽面条能够充分融合，更能提升彼此的味道。

北部·南部地方

**原料** [2人份]

新鲜意大利面（宽面条）
（参照p28）…… 160g
虾…… 100g
花蛤…… 200g
贻贝…… 200g
橄榄油…… 2大匙
大蒜…… 1/2瓣
番茄…… 1个
盐、胡椒…… 适量
煮面条汤…… 100mL
意大利芹…… 1/2枝

**1** 锅内放入3L水煮沸，加入30g盐，开始煮面条（参照p26）。虾子剥壳取出虾线（参照p25），用加入盐的热水快速焯一下，充分沥干水分。

**2** 用盐水（盐的比例为水的3%）使花蛤吐净泥沙，充分搓洗花蛤（参照p25）。

**3** 将贻贝用钢丝球好好刷洗，拔去足丝（参照p25）。

**4** 煎锅内放入2和3，放入1大匙橄榄油，盖上锅盖中火加热。

**5** 等贝类开口以后，关火。

**6** 在另一口煎锅内放入1大匙橄榄油和蒜末，文火加热，煸出香味。

**7** 番茄热水去皮去籽，切成小块（参照p20）放入锅内，加入盐和胡椒。盖上锅盖中火炖10分钟左右。

**8** 加入虾和5，充分搅拌，加入煮面条汤。

**9** 面条煮3~4分钟，待其浮起以后沥干水分，加入8中，使其充分融合。

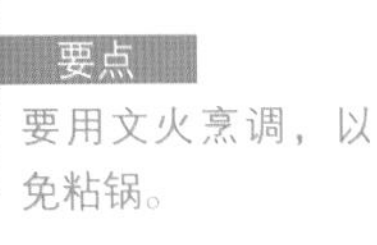

要点

要用文火烹调，以免粘锅。

**10** 撒入切成碎末的意大利芹，盛入容器中。

烹调时间 30分

（制作新鲜面条的时间除外）

# 意式饺子

Ravioli

原料［2人份］

新鲜意大利面（参照p28）
25cm×10~12cm，4片
橄榄油………………… 1大匙
洋葱…………………… 1/4个
鳕鱼（块状）………… 50g
扇贝（贝丁）………… 2个
虾……………………… 6只
鸡蛋…………………… 1个
盐、胡椒……………… 适量
黄油…………………… 20g
鲜奶油………………… 2大匙
肉汤…………………… 150mL
绿皮密生西葫芦……… 50g
番茄…………………… 1/4个
意大利芹……………… 适量

Ravioli是在两片新鲜意大利面中间塞入食材煮成的短面条，也可以说是“意式的饺子”。和中国饺子一样，中间的食材有肉、海鲜、蔬菜、乳酪等，但面皮和奶油沙司的组合却可以凸显新鲜面条的香味，使味道更柔和。

北部·中部地方

学习正宗的意大利做法！

### 意式饺子是将边角料再次利用制作而成的菜肴

意式饺子，据说是古代的贸易港口热拉亚的船员们为了不浪费而利用蔬菜和肉的边角料做成的一道菜肴。寻找和沙司搭配的食材，也是意大利的主妇们最拿手的技能。

**1** 煎锅内放入橄榄油和切碎的洋葱，炒至蜜色。待余热退去后，和去除骨头和皮的鳕鱼、扇贝、去壳的虾2只，鸡蛋1/2个一起，用手动搅拌器充分搅拌。

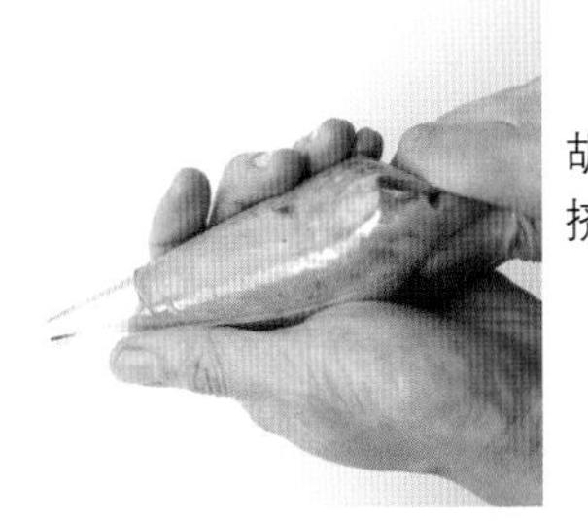

**2** 搅至浆糊状后，用盐和胡椒调味，装入挤压带中。

**3** 案上撒上扑面，将新鲜面饼铺开，将搅拌后的1/2个鸡蛋在上面均匀地涂上薄薄的一层。

**4** 将2中的饺子馅间隔均匀地挤在3中的面饼上。

馅的直径大小为2cm左右。要将面饼分成10等份（5×2），因此要将饺子馅均匀地挤在每块小面饼上，来包出漂亮的饺子。

**5** 将另一块面饼盖在上面，撒上扑面。在馅的周围用手指按压，挤出空气使面饼贴在一起。

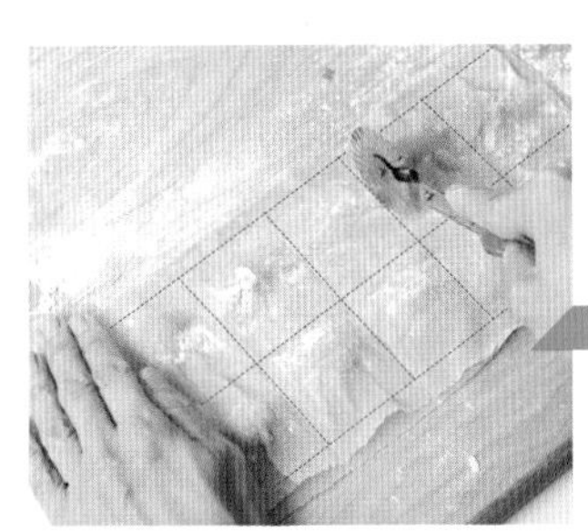

**6** 用切派刀沿着馅和馅之间切开。

没有切派刀的时候，可以用比萨切刀或菜刀代替。

**7** 用手沿着切线处将饺子分开。

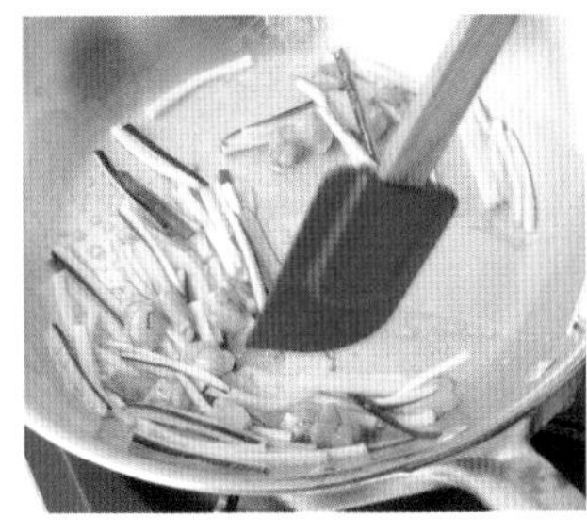

**8** 煎锅内放入黄油，文火加热，加入切成细丝的西葫芦和去壳后切成1cm见方的虾仁加以翻炒，用盐和胡椒调味。加入鲜奶油、肉汤充分搅拌，用盐和胡椒调味。

**9** 锅内放入3L热水煮沸，加入30g盐，煮饺子。

**10** 饺子浮到水面上以后捞出，放入8的煎锅中和沙司融合。盛入容器内，撒入切成7~8mm见方的番茄丁和切成碎末的意大利芹。

烹调时间 45分

（制作新鲜面条和奶油沙司的时间除外）

# 烤碎肉卷

Cannelloni al forno

用薄片状的意大利面面饼将食材包裹后蘸满沙司，再放到烤箱里烘烤而成的奶油汁干酪意大利面料理就是烤碎肉卷（Cannelloni）。食材可以有多种选择，菠菜和里科塔奶酪在意大利菜肴中也是经典搭配之一。将食材和沙司的香味融入意大利面面饼之中，其美味可以让人心荡神驰。

意大利全国

**原料**［2人份］

新鲜意大利面（参照p28）

…8cm×20cm左右，6片

橄榄油…………… 1/2大匙

大蒜………………… 1/2瓣

菠菜………………… 150g

盐、胡椒……………… 适量

里科塔奶酪………… 100g

蛋黄…………………… 1个

帕尔玛干酪（擦碎）………

…………………… 3大匙

奶油沙司（参照p19）……

300mL

肉豆蔻……………… 1小撮

面包屑……………… 1大匙

2人份

学习正宗的意大利做法！

### 也可使用市面上销售的卷筒状意大利面

卷筒状意大利面来源于意大利语“Cannelloni”一词，是“管子”的意思，指的是直径2~3cm、长约10cm的大型筒状意大利面。不采用新鲜意大利面包裹食材，而是将市面上销售的筒状意大利面用水煮过以后，在其中塞入食材，这种做法也可以。

**1** 煎锅内放入橄榄油和压碎的大蒜，文火加热，煸出香味。

**2** 将菠菜用水轻轻焯一下，挤干水分，切成末，放入1中的煎锅内炒至变软，用盐和胡椒调味。

**3** 将煎锅端离炉火，加入里科塔奶酪、蛋黄和2大匙帕尔玛干酪充分搅拌。

**4** 用盐和胡椒调味。

**5** 将4放入挤压袋中。

要点

将菜馅放入挤压袋时，可将袋子套在一个重量较大的玻璃杯内侧，这样菜馅就能很容易地流入袋中。

**6** 将新鲜的意大利面面饼摊开，在靠近自己一侧挤上菜馅。

**7** 从靠近自己一侧开始将面饼卷起。

**8** 卷大概2圈后，将多余的部分切掉。

要点

面饼卷得过厚，口感和味道会变差。

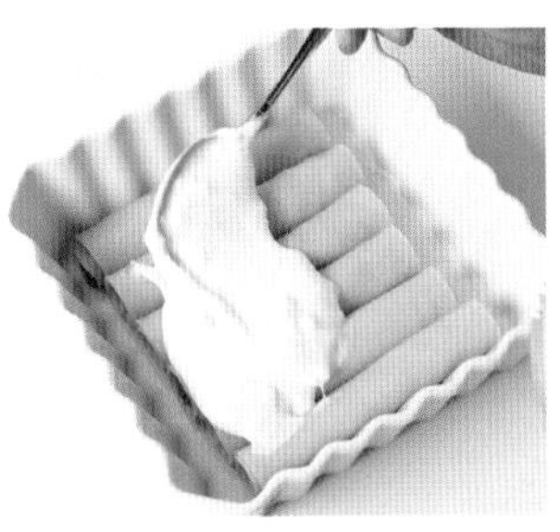

**9** 将8并排摆放在耐热盘中，浇上加入肉豆蔻的奶油沙司。

**10** 撒上面包屑和1大匙帕尔玛干酪，放入预热为180℃的烤箱内烘烤25分钟左右，直至上色为止。

烹调时间 45分
（制作面团的时间除外）

# 马苏里拉奶酪面团

Gnocchi con la mozzarella

面团是在家里也能轻松制作的一种意大利面。劲道的口感和单纯的味道，可以和任何沙司搭配出不同的富于变化的菜肴。番茄和马苏里拉奶酪这对“意大利风格的黄金搭档”，再加上面团的组合，意大利的经典家庭菜肴就出炉了！

原料 [2人份]

马铃薯面团（参照p29）……300g
番茄……1+1/4个
橄榄油……2大匙
洋葱……1/2个
意式腊香肠……15g
盐……适量
鲜奶油……60g
马苏里拉奶酪……100g
罗勒……4~5片
帕尔玛干酪（擦碎）……1+1/2大匙

意大利全国

学习正宗的意大利做法！

**星期四是面团的日子**

曾经在意大利，有星期四吃大餐，星期五吃粗粮的习惯。面团被称作“星期四的面团”，被当作星期四晚餐的经典菜品。即便现在也深受欢迎，是家庭菜肴的代表菜品。

2人份

1 制作马铃薯面团（参照p29）。

2 番茄用热水去皮去籽，切成小块（参照p20）。

3 锅内放入橄榄油和洋葱末，文火加热，炒至洋葱变软。

4 加入2、切碎的意式腊香肠和盐，大火翻炒5分钟左右。

5 锅内放入3L水煮沸，加入30g盐，煮面团。

6 面团浮起之后立刻捞出，沥干水分。

要点
煮的火候太过，面团表面就会熔化，口感就会变得软趴趴，参照p93。

7 在步骤4的煎锅内加入6，用中火加热并不断翻搅。

8 加入鲜奶油，充分搅拌使之溶解变为沙司。

9 将煎锅端离炉火，锅内食材移入烤盘中，上面撒上切成薄片状的马苏里拉奶酪和罗勒，再撒上帕尔玛干酪的碎屑，放入预热为200℃的烤箱内烘烤10~15分钟。

啊！失败了！

有硬芯残留的马铃薯是不可以的

用于制作面团的马铃薯，一定要煮熟，以免其中残留硬芯。有硬芯残留的话，口感就会变差。

烹调时间 30分

（制作面团和番茄沙司的时间除外）

# 番茄沙司面团

## Gnocchi di patate

加入了马斯卡普尼奶酪的柔软的番茄沙司，能够衬出面团的单纯味道，做出简单的意大利面。烹调方法简单、用时短，关键只在于面团煮的火候。只要有基本的番茄沙司和面团，即便是在忙碌的日子里，也能享受到正宗的意大利风味。

**原料** ［2人份］

番茄沙司（参照p18）……200mL
马斯卡普尼奶酪……… 50g
盐、胡椒……………… 适量
马铃薯面团（参照p29）…300g
煮面条汤…………… 100mL
意大利芹…………… 1/2枝

意大利全国

2人份

**1** 用煎锅制作番茄沙司（参照p18）。

**2** 1内加入马斯卡普尼奶酪并充分搅拌，用盐和胡椒调味。

**3** 锅内放入3L水煮沸，加入30g盐，煮面团。

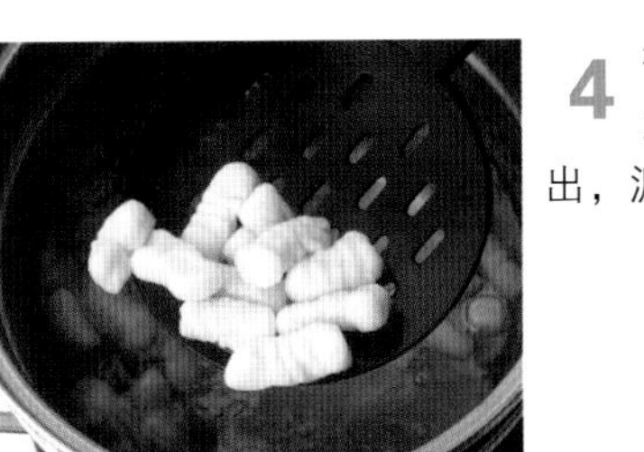

**4** 待面团浮起之后立刻捞出，沥干水分。

**5** 在步骤2的煎锅内放入适量煮面条汤稀释沙司并充分搅拌。

**6** 加入面团，轻轻搅动使味道融合。

**7** 盛入盘中，撒上切成碎末的意大利芹。

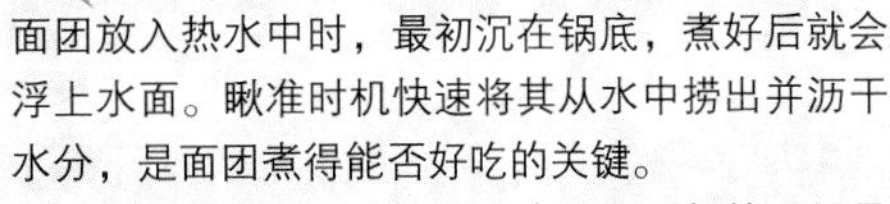

### 煮面团的火候至关重要！

面团放入热水中时，最初沉在锅底，煮好后就会浮上水面。瞅准时机快速将其从水中捞出并沥干水分，是面团煮得能否好吃的关键。
沥干水分后就立刻放入沙司中是最理想的，可是遇到面团煮好时沙司尚未做好的情形，就需要用冷水过一下。待沙司做好后重新再轻轻煮一次。

浮起后快速捞出，充分沥干水分，稍硬一点也没关系。

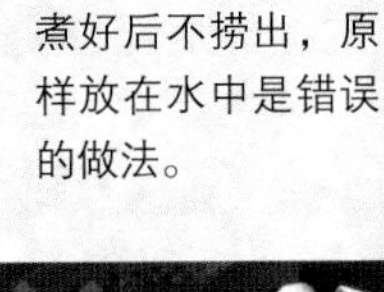

煮好后不捞出，原样放在水中是错误的做法。

煮得太过，表面就会溶解，口感会变得软趴趴不筋道。

烹调时间 40分

# 面包汤团

在日本，面团通常是由马铃薯制成的。但在意大利，用面包代替马铃薯制成的“面包汤团”也很受欢迎。将黄油溶入肉汤中，再将面包汤团浮在其表面，这道菜品不仅适合当作晚餐，也非常适合做早餐。

意大利全国

**原料** [2人份]

- 黄油…………………… 60g
- 青葱…………………… 1/2个
- 意大利芹……………… 1/2枝
- 面包（稍微变硬的）… 200g
- 牛奶…………………… 70mL
- 鸡蛋…………………… 1个
- 面粉…………………… 2大匙
- 盐……………………… 1小撮
- 肉汤…………………… 350mL
- 帕尔玛干酪（擦碎）… 1大匙
- 鼠尾草………………… 5片

[饰物]

- 意大利芹……………… 适量
- 帕尔玛干酪（擦碎）… 适量

学习正宗的意大利做法！

**将不新鲜的面包重新制作成汤团！**

意大利的面包多用来蘸着沙司酱或是泡在汤里吃，所以通常都是表皮坚硬，盐分较少。常被磨成碎屑用于装饰菜品或是将不新鲜的面包重新制作成汤团。

**1** 煎锅内放入20g黄油加热，放入青葱末翻炒。

**2** 将1移入碗中，加入切成碎末的意大利芹和切成2~3cm见方的面包块，充分搅拌。

**3** 加入牛奶后进一步搅拌，放置一会使面饼充分吸收牛奶。

**4** 加入搅拌后的鸡蛋、面粉和少量盐，轻轻搅拌。

**5** 用搅拌器充分搅拌，直至将面包块弄碎。

**要点**

没有搅拌器的话可以使用擂钵和擂槌，将食材捣碎并搅拌均匀。

**6** 将步骤5中的原料握成直径为2~3cm的小球状。

**要点**

握的时候手中沾少量面粉，这样不容易粘在手上且容易成团。

**7** 锅内放入肉汤加热，放入6，用文火炖15分钟左右，以免肉汤沸腾。

**8** 加入40g黄油、帕尔玛干酪和鼠尾草，搅动，趁热盛入容器中，最后撒入帕尔玛干酪，并用意大利芹加以装饰。

**要使用风干过的面包**

制作面包汤团时，绝对要使用风干变硬的面包。如果使用了仍然残留有水分的新鲜面包的话，就会像图片中那样粘到手上，无法做出漂亮的形状。

没有非现做的面包时，或是使用仍然残留有水分的面包时，可以先将面包切成2~3cm见方的小块，再用煎锅将其烘干，去除水分后再用。

使用表面潮湿柔软的面包，即便事先在手上沾上面粉也无济于事。为了避免这种情况出现，还是使用水分都挥发掉的坚硬的面包吧。

烹调时间 **60分**

# 罗马风味面团

Gnocchi alla romana

**原料** ［2人份］

牛奶…………………… 400mL
杜伦小麦粗粒面粉… 100g
黄油…………………… 40g
帕尔玛干酪（擦碎）… 40g
鸡蛋黄………………… 1个
意大利芹……………… 适量

罗马风味面团，不是用马铃薯，而是使用用来制作意大利面的原料——杜伦小麦磨制的粗粒面粉揉制而成的。像奶汁烤干酪焗菜那样，用烤箱烤出来的面团，外表酥脆，内里松软，味道单纯，适合用来做成各种菜肴来填饱肚子。

2人份

**1** 锅内放入牛奶，文火加热。

**2** 逐量加入杜伦小麦粉，边加入边用打蛋器充分搅拌，以免出现面块。

要点

使用打蛋器的话，面粉就不容易结块，能够均匀溶解。

**3** 边搅动边用小火加热10分钟左右。

**4** 将锅子端离炉火，用木铲充分搅拌。

**5** 加入一半分量的黄油、一半分量的帕尔玛干酪和蛋黄，进一步搅拌。

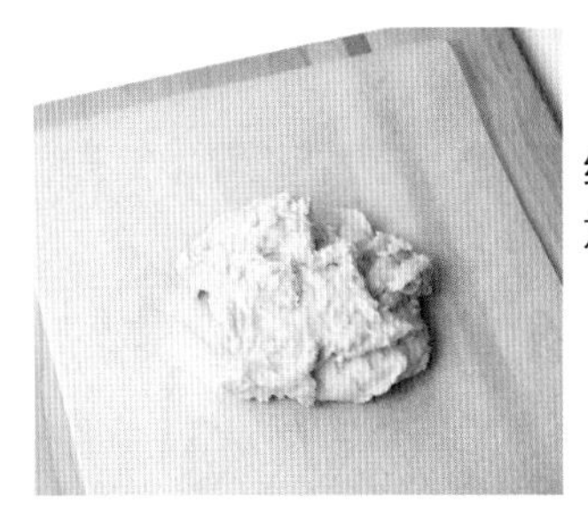

**6** 在面板上铺上烹调用纸，把5中的面饼放在上面摊开。

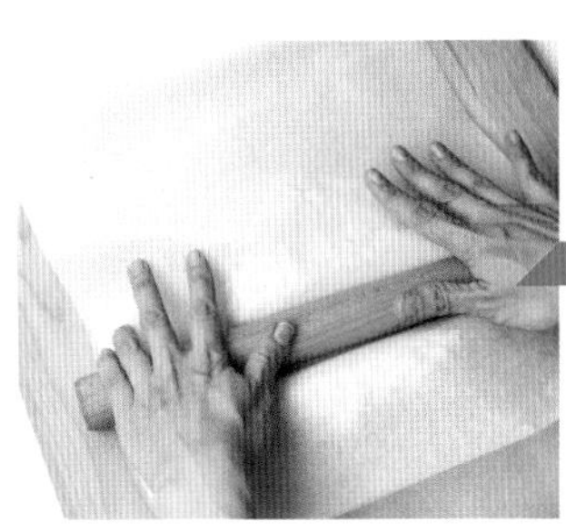

**7** 用擀面杖将面饼擀成1cm厚度。

要点

略微撒些面粉，或是如图片所示把面饼放在烹调用纸上擀压，擀面杖和手上就不容易粘上面饼，擀起来也更容易。

**8** 待面饼冷却后，用直径为5~6cm的模具压制成型。

要点

也可用稍大点的杯子边缘代替模具压制成型。

**9** 将8摆入烤盘内。

**10** 上面撒上切成5mm见方的黄油（一半分量）和帕尔玛干酪（一半分量），用预热为180℃的烤箱烤制20~30分钟，最后撒上意大利芹末。

意大利面

看上去更好吃

# 摆盘的窍门

看似简单实则深奥的就是意大利面的装盘方法，特别是长面条，在盛入盘中的时候一定要注意“高度”和“一体感”，千万避免给人散碎的印象。

以长面条为例

## 墨鱼汁意大利面

➡ p66

可以加点热水保温，以免意大利面变凉。如果是冷制意大利面，就需要放在冰箱中稍微冷却。

撒上意大利芹末，可以使色彩更丰富，看起来更好吃。诀窍就是一盘中至少要使用3种以上的颜色，才会使色彩变得更加好看。

长面条要用夹子抓起，以旋转的方式摆放于盘子中央，这样就能体现出高度和一体感。不要一次性放入，窍门是要分多次摆放。

以短面条为例

## 番茄沙司面团

➡ p92

遵循“一盘中要有3种以上色彩”的原则，装饰以意大利芹。放入跟红色相反的绿色的瞬间，彼此的颜色互相映衬，菜品也会变得更加华丽。

短面条要用勺子盛取，装入盘中以后，要用筷子尖将面条堆向中央以显示出其高度。

浓稠的沙司沾到盘子边缘看起来会很难看，所以一旦撒上去的话一定要用厨房用纸等擦拭掉。

第四部分

**做起来才发现其实很简单！**
**只要一盘就能吃得很满足！**

# 比萨、意式烩饭、汤

比萨、意式烩饭、汤是主菜（第一道菜）。在餐厅是人气料理，可是在家里可能有很多人认为难度太大，无法轻易完成。但是，如果是比萨的话，只要做出面饼，剩下的就只是摆上菜码烤制了。意式烩饭和汤也是，只需要在锅里放入食材炖煮即可，简单得超乎你的意料。也有那种一盘就能让你吃得很满足的方便制作的菜肴，还不快来试试！

Primi Piatti

# 玛格丽特比萨

Pizza Margherita

烹调时间 30分

（制作比萨面饼和番茄沙司的时间除外）

为意大利统一后于1889年初次到访那不勒斯的意大利王妃玛格丽特献上的一款比萨。现在称其为比萨的代名词也不为过。番茄沙司的红，马苏里拉奶酪的白，罗勒的绿，代表了意大利的三色旗。虽做法简单但意义深远。

原料 [直径24cm，1张]

[比萨面饼]

干酵母……………………8g
砂糖………………………5g
温水………………… 160mL
高筋面粉…………… 250g
盐…………………………6g
橄榄油……………… 20mL
★使用市场上出售的比萨面饼时，准备一张直径24cm左右的面饼。做法同p101。

[菜码]

番茄沙司（参照p18）……200mL
马苏里拉奶酪……… 150g
罗勒……………………10片

学习正宗的意大利做法！

## 比萨面饼还数那不勒斯风

在比萨发祥地的那不勒斯，比萨面饼是柔软厚实的质地；而在罗马，人们喜欢的是薄而酥脆的质地。要说意大利全国，还是发祥地那不勒斯风格的比萨占据了大多数地区。本书中介绍的也是那不勒斯风格的比萨做法。

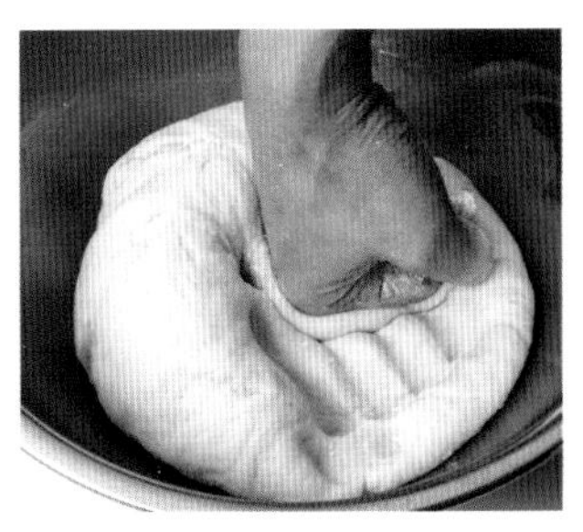

**1** 制作比萨面饼（参照p27）。

**2** 制作番茄沙司（参照p18）。

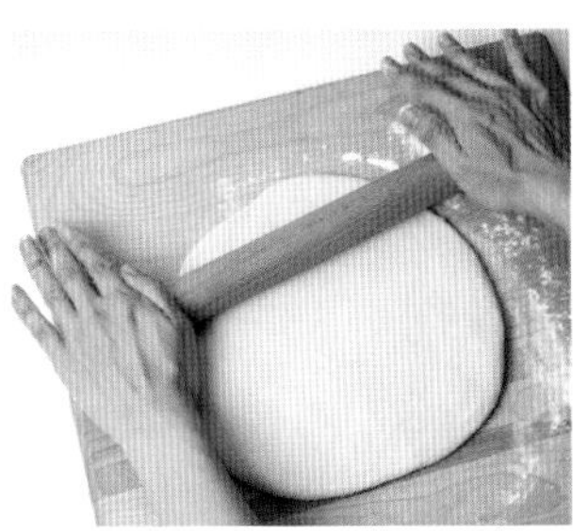

**3** 把步骤1中的比萨面饼放在撒好扑面的面板上，用擀面杖将其擀成薄薄的圆形。

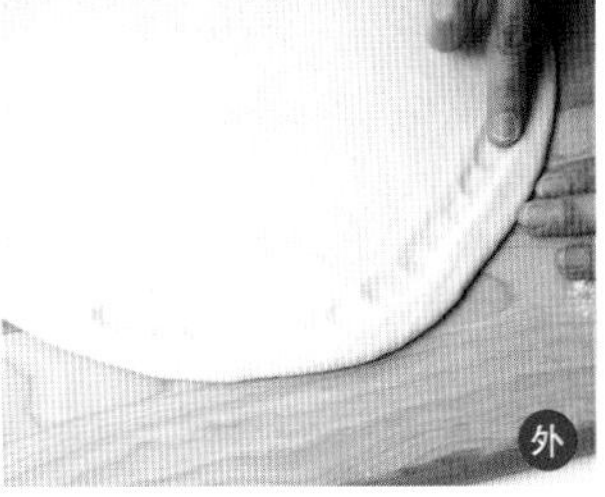


**4** 用手指沿边缘周围按压，以使边缘部分高出。反面也同样操作。

里

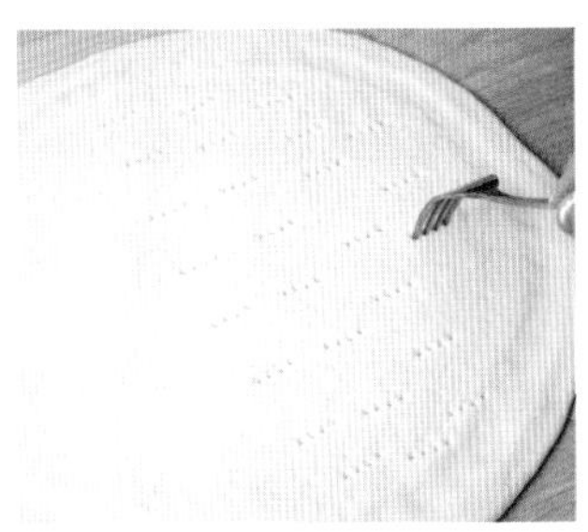

**5** 在边缘内侧的部分，用叉子压出小口，方便透气。

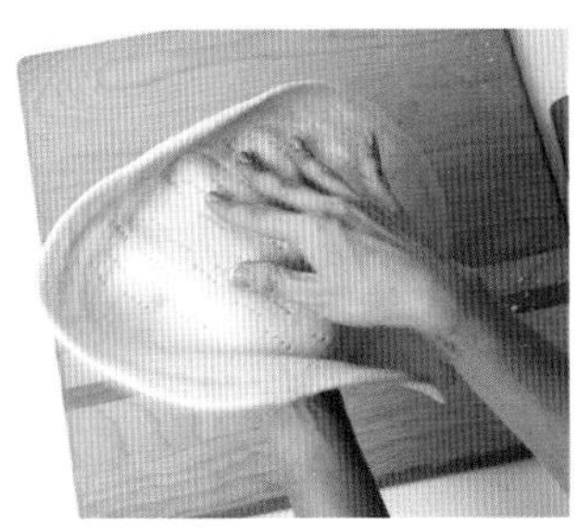

**6** 单手托住面饼，用左右手交替抛掷的方式将面饼抻大。

要点

该步骤是为了让边缘内侧面饼变薄。为了增大接触面积，要将两手手指张开，一点一点地旋转。

**7** 把6放在桌面板上，将番茄沙司均匀地涂在上面。

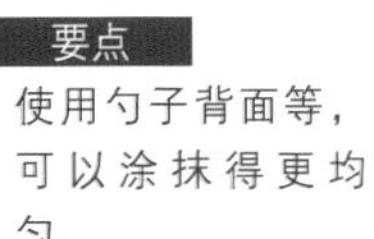

要点

使用勺子背面等，可以涂抹得更均匀。

**8** 铺上切成片状的马苏里拉奶酪，边缘稍稍涂抹些橄榄油（分量外）。用预热为250℃的烤箱烘烤10~15分钟，再用罗勒装饰。

烹调时间 30分

（制作比萨面饼和番茄沙司的时间以及泡发干牛肝菌的时间除外）

**原料**［1个］

［比萨面饼］

干酵母……8g
砂糖……5g
温水……160mL
高筋面粉……250g
盐……6g
橄榄油……20mL

［比萨沙司］

橄榄油……2大匙
大蒜……1瓣
洋葱……1/2个
A
- 迷迭香（切末）……1小撮
- 百里香（切末）……3~4枝
- 牛至（切末）……1小撮
- 白葡萄酒……2大匙
- 干牛肝菌泡发汁……50mL
- 番茄沙司（参照p18）……150mL

盐、胡椒……适量

［菜码］

干牛肝菌……8g
水……50mL
橄榄油……2大匙
大蒜……1瓣
洋蘑菇……10个
白葡萄酒……2大匙
盐、胡椒……适量
豪达奶酪……80g

# 卡拉佐内比萨（意式馅饼）

Calzone

卡拉佐内比萨是指在圆形的比萨面饼上放上菜码，再将面饼对折烘烤而成的比萨。基本的菜码是番茄和马苏里拉奶酪，但也可以放入其他任何东西。一下子膨胀起来的形状实在是很独特。用刀子切开的瞬间，会让人非常期待里面包裹的是什么样的东西。

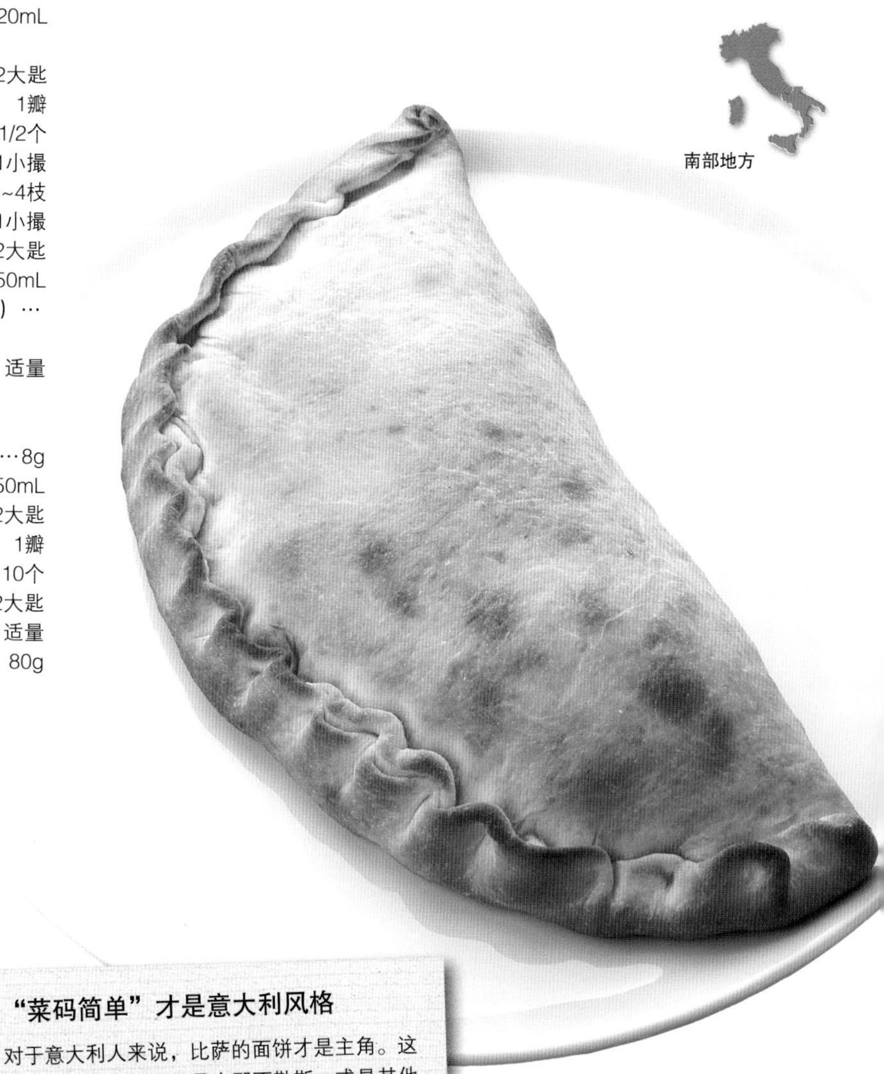


学习正宗的意大利做法！

### “菜码简单”才是意大利风格

对于意大利人来说，比萨的面饼才是主角。这一点无论是在罗马还是在那不勒斯，或是其他任何地方都是一样的。要想品尝面饼的味道，菜码少且简单是最基本的。这种卡拉佐内比萨也是，菜码只有沙司和奶酪，再加上一点点蘑菇，非常简单。

**1** 制作比萨面饼（参照p27）。将牛肝菌用水泡发后切成碎末（参照p22）。

**2** 制作沙司。锅内放入橄榄油和蒜末，文火加热煸出香味。加入切好的洋葱末翻炒，加入A炖煮15~20分钟，用盐和胡椒调味。

**3** 制作菜馅。煎锅内放入橄榄油和蒜末，文火加热煸出香味。加入切成4等份的洋蘑菇和步骤1中的牛肝菌翻炒。加入白葡萄酒，用盐和胡椒调味。

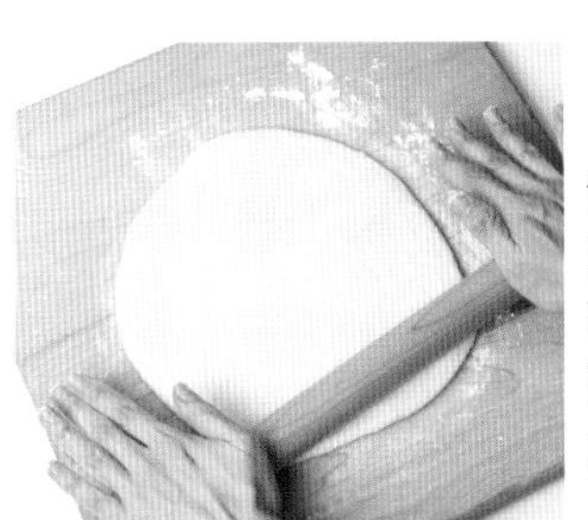

**4** 把步骤1中的比萨面饼放在撒好扑面的面板上，用擀面杖将其擀成薄薄的圆形（参照p101步骤3）。

**5** 在面饼的一半上面均匀地涂上沙司。

**6** 在5的上面放上3和切成4cm见方的豪达奶酪。

要点

用马苏里拉奶酪或比萨用奶酪代替豪达奶酪也能做出好吃的比萨。

**7** 将远处的面饼向自己这方对折，盖住菜码。

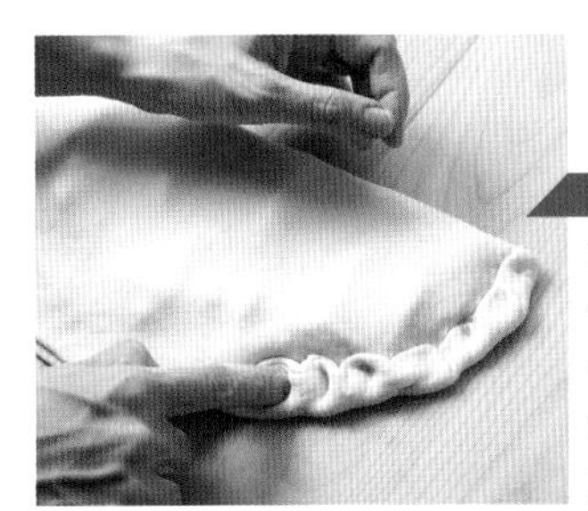

**8** 将边缘折进去捏实。

要点

将边缘折进去的时候，可以像图片那样用手指按压，这样既可以包得严实，也能做出好看的花边。

**9** 桌面板上放上烹饪纸，再把8放在上面。涂上少许橄榄油（分量外），用预热为250℃的烤箱烘烤5分钟左右。

啊！失败了！

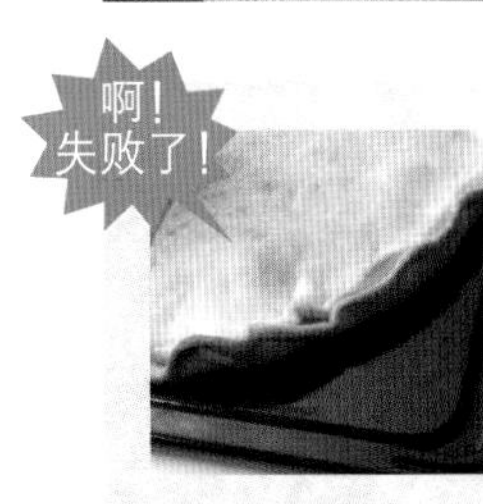

没能膨胀起来，做成了扁扁的样子

操作方法步骤8中，如果未能将边缘捏得严实，中间的空气就会跑出来，做出的比萨就膨胀不起来。所以将边缘牢牢捏住吧。

# 四季比萨

*Pizza ai quattro formaggi*

Quattro是4的意思，formaggi是乳酪的意思。正如名称所示，只用4种乳酪烘烤而成，是非常简单的一种比萨。4种不同风味的乳酪绝妙地融合在一起，要是再搭配上啤酒或是葡萄酒那就是绝对的满足感了。其好吃的程度让人赞不绝口。

烹调时间 **25分**

（制作比萨面饼的时间除外）

**原料** ［直径24cm，1张］

［比萨面饼］

干酵母……………………8g

砂糖………………………5g

温水…………………160mL

高筋面粉……………250g

盐…………………………6g

橄榄油………………20mL

★使用市场上出售的比萨面饼时，准备一张直径24cm左右的面饼。做法相同。

［乳酪］

戈尔贡佐拉干酪………50g

马苏里拉奶酪…………50g

塔雷吉欧乳酪…………50g

帕尔玛干酪（擦碎）…25g

**1** 制作比萨面饼（参照p27）。

**2** 把步骤1中的比萨面饼放在撒好扑面的面板上，用擀面杖将其擀成薄薄的圆形，并把边缘弄高。压出透气孔并将面饼抻大（参照p101步骤3~6）。

**3** 把2放在桌面板上。

**4** 把4种乳酪切成合适的大小，均匀地撒在整张面饼上。在面饼边缘高出的部分涂上少量橄榄油（分量外）。

**5** 用预热为250℃的烤箱烘烤10~15分钟。

# 什锦比萨

Pizza Capricciosa

Capricciosa是“随心所欲”的意思。正如名称所示，将意式腊香肠、培根、金枪鱼罐头、乳酪等喜欢的食材按个人喜好的量尽情铺撒。是一款能让你品味到配菜乐趣的比萨。

**原料** ［直径24cm，1张］

［比萨面饼］

干酵母…… 8g
砂糖…… 5g
温水…… 160mL
高筋面粉…… 250g
盐…… 6g
橄榄油……20mL

★使用市场上出售的比萨面饼时，准备一张直径24cm左右的面饼。做法相同。

［比萨沙司］

番茄沙司(参照p18）…… 200mL

［菜码］

洋蘑菇…… 2个
黑橄榄…… 5~6粒
意式腊香肠…… 40g
培根…… 40g
金枪鱼（罐头）…… 80g
比萨用奶酪…… 50g

烹调时间 **30**分

（制作比萨面饼和番茄沙司的时间除外）

**1** 制作比萨面饼（参照p27）。

**2** 把步骤1中的比萨面饼放在撒好扑面的面板上，用擀面杖将其擀成薄薄的圆形，并把边缘弄高。压出透气孔并将面饼抻大（参照p101步骤3~6）。

**3** 把2放在桌面板上，将番茄沙司均匀地涂在上面。

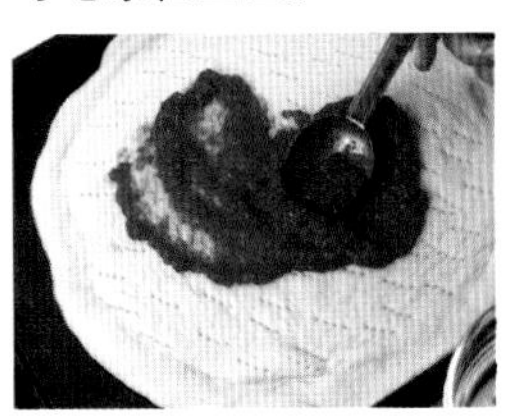

**4** 把切成随意形状的洋蘑菇、橄榄、意式腊香肠、培根、金枪鱼罐头撒在整张面饼上。

**5** 在4上放上比萨用乳酪，在边缘高出的地方稍稍涂抹些橄榄油（分量外）。

**6** 用预热为250℃的烤箱烘烤10~15分钟。

# 俾斯麦比萨

意大利全国

Pizza Bismarck

统一了德国的铁血宰相俾斯麦非常喜欢加了煎蛋的牛排。效仿当年曾是美食家的俾斯麦做出的加了煎蛋的菜肴，被称作是俾斯麦风格。加了煎蛋的比萨看起来颜色鲜艳，黏稠的蛋黄做出了醇厚的味道。

烹调时间 **30分**

（制作比萨面饼和番茄沙司的时间除外）

原料 ［直径18cm，2张］

［比萨面饼］

干酵母……………………8g
砂糖……………………5g
温水……………………160mL
高筋面粉……………250g
盐……………………6g
橄榄油………………20mL

★使用市场上出售的比萨面饼时，准备两张直径18cm左右的面饼。做法相同。

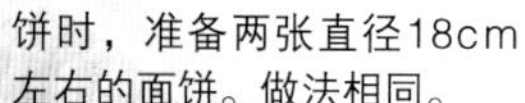

［比萨沙司］

番茄沙司（参照p18）……200mL

［菜码］

鳀鱼……………………3~4片
马苏里拉奶酪………100g
鲜蛋……………………2个
新鲜火腿……………100g
芝麻菜………………2~3棵

**1** 制作比萨面饼（参照p27）。

**2** 把步骤1中的比萨面饼放在撒好扑面的面板上，用卡片将其切成两半。再分别揉圆后，用擀面杖擀成薄薄的圆形，并把边缘弄高。压出透气孔并将面饼抻大（参照p101步骤3~6）。

**3** 把2放在桌面板上，将番茄沙司均匀地涂在上面。

**4** 把鳀鱼和马苏里拉奶酪切成小段，撒在3上。

**5** 将鸡蛋打碎放在比萨面饼中央，并在边缘高出的地方稍稍涂抹些橄榄油（分量外）。

**6** 用预热为250℃的烤箱烘烤15分钟左右。撒上芝麻菜和切成薄片的新鲜火腿。

# 意式薄饼

意大利全国

起源于热拉亚，是一种被称作“比萨原型”的面包。现在在意大利各地的做法中有各种不同的变化。这里我们要试做一种最接近原型的简单的意式薄饼。可以单吃，也可以夹上火腿或乳酪一起吃，都很美味。

烹调时间 30分
（制作比萨面饼的时间除外）

**原料** [20cm×15cm，1张]

[比萨面饼]
干酵母……………………8g
砂糖……………………5g
温水……………………160mL
高筋面粉……………………250g
盐……………………6g
橄榄油……………………20mL

[配菜]
橄榄油……………………2大匙
迷迭香……………………2枝
盐……………………1/4~1/3小匙

1 制作比萨面饼（参照p27）。

2 把步骤1中的比萨面饼放在撒好扑面的面板上，用擀面杖将其擀成长方形。

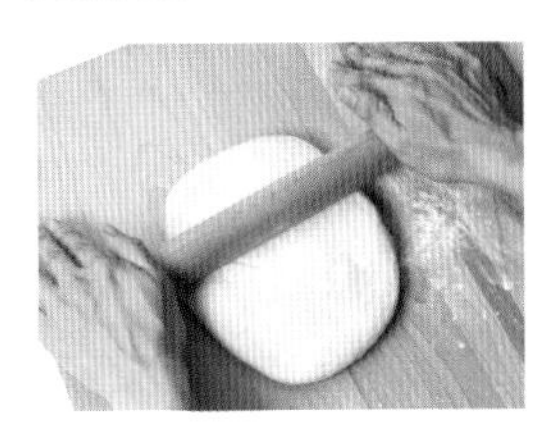

3 用手指按出规则的凹陷。

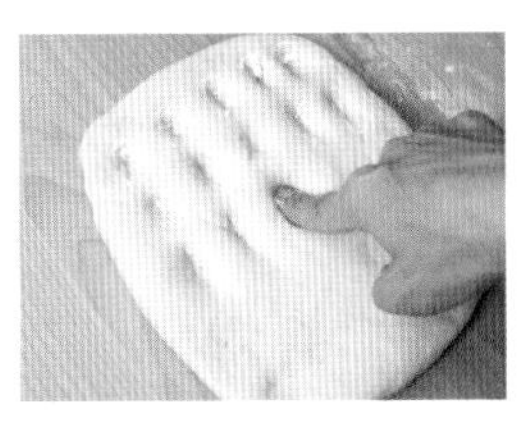

4 在整张面饼上涂上橄榄油。

5 撒上迷迭香和盐。

6 用预热为250℃的烤箱烘烤15~20分钟。

烹调时间 60分

**原料** [2人份]

[配菜]

整虾…………………… 4只
长枪乌贼（小）……… 2只
橄榄油……………… 2大匙
白葡萄酒…………… 100mL
柠檬汁……………… 1大匙
盐、胡椒…………… 各适量

[烩饭]

橄榄油……………… 1大匙
洋葱………………… 1/4个
米…………………… 200g
墨鱼汁沙司（市售品）……
……………… 1袋（4g）
浓缩番茄酱………… 1大匙
肉汤……………… 约600mL
盐、胡椒…………… 各适量
意大利芹…………… 适量

# 墨鱼汁烩饭

*Risotto al nero di seppia*

墨鱼汁意大利面烩饭常被认为是只能在餐馆才能吃到的东西。但只要掌握了不洗米和不过度搅动等窍门，在自家也能做出好吃的烩饭，所以一定要尝试一下哦。用虾壳做出来的味道浓郁的汤汁和墨鱼汁相辅相成的效果，能做出味道醇厚浓郁的烩饭。

北部地方

学习正宗的意大利做法！

### 主妇们也使用市售品

墨鱼汁沙司，是将墨鱼裁开，把粘在肠体上的墨斗取下做成沙司，但在家里从头开始做是非常麻烦的。让我们试着利用一下意大利家庭中也常用的做成糊状的市售品墨鱼汁沙司吧。

**1** 先做配菜的部分。将虾去壳摘除虾线，竖着切成两半。鱿鱼裁开切成适当大小（参照p24），煎锅内放入1大匙橄榄油加热，将虾和鱿鱼轻轻煎一下后取出。

**2** 在1的煎锅内放入虾壳翻炒，待颜色变红后加入白葡萄酒。

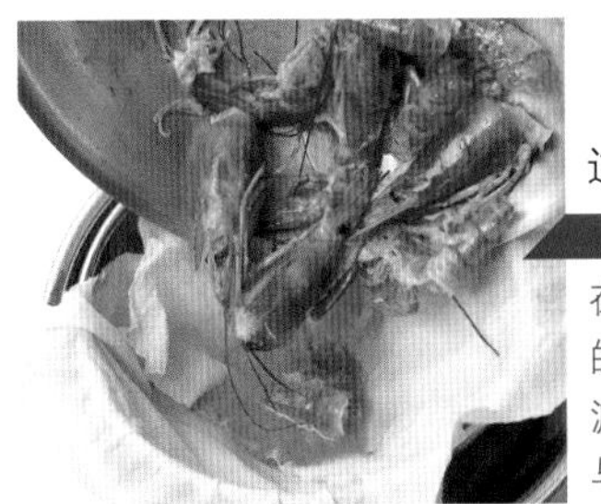

**3** 沸腾后关火，将汤汁过滤备用。

要点

在笊篱上铺上打湿的厨房用纸将虾壳滤出，然后将虾壳与纸一起扔掉即可。

**4** 碗内放入柠檬汁、1大匙橄榄油，用打蛋器搅动使之乳化，再用盐和胡椒调味。

**5** 在4中加入步骤1中的虾和鱿鱼，使之沾满汤汁。

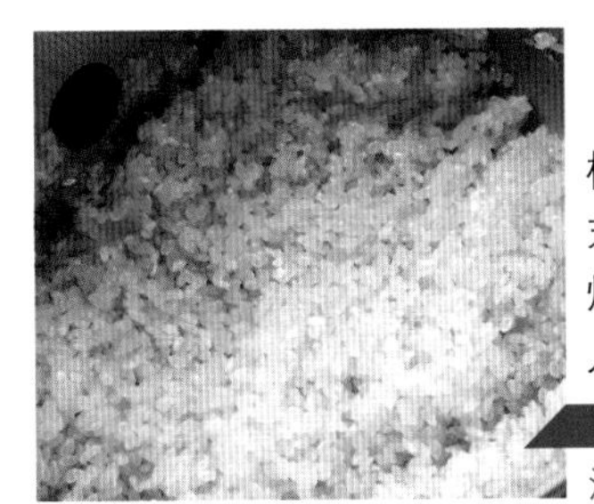

**6** 制作烩饭。锅内放入橄榄油加热，将切成末的洋葱放入翻炒，待其变软后加入大米翻炒。

要点

注意不要用水洗米或是让米沾上水。

**7** 待整体都沾上油，米变得透明后，加入墨鱼汁拌匀。加入步骤3的汤汁，轻轻翻动直至水分变没。

**8** 加入浓缩番茄酱和温热的肉汤至没过大米，文火加热，不时搅拌一下。待表面水分变没以后再次加入温热的肉汤。这样反复几次，从第一次加入肉汤的时间算起大约炖煮17分钟。

**9** 待米饭变得有嚼劲之后，用盐和胡椒调味。关火，盖盖闷5~6分钟，盛入盘中。将步骤5中的虾和鱿鱼连汤汁一起配放在四周，上方撒入意大利芹末。

啊！失败了！

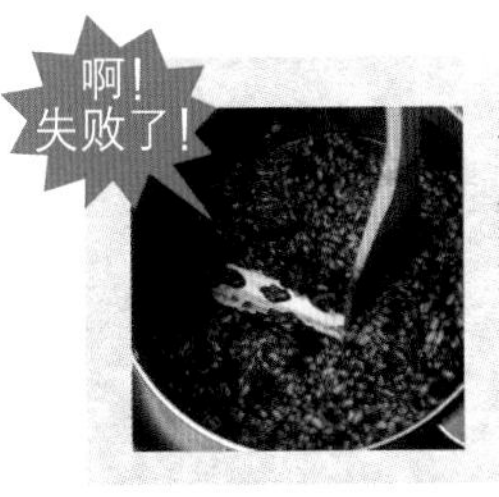

**搅动太过频繁，变成菜粥了**

步骤8中不时搅动是为了避免粘锅。但如果搅动太过频繁，就会变成黏黏的菜粥，所以一定要注意！

烹调时间 50分

# 米兰风味烩饭

Risotto alla milanese

**原料** [2人份]

牛胫骨（小牛后腿）的
骨髓……………………… 适量
橄榄油……………… 5大匙
洋葱………………… 1/2个
米…………………… 200g
白葡萄酒…………… 100mL
牛肉肉汤………… 约500mL
番红花……………… 1小撮
盐、胡椒…………… 各适量
帕尔玛干酪（擦碎）… 15g
马斯卡普尼奶酪…… 2大匙

是以鲜艳的金黄色为特点，加入了番红花的烩饭。正如其名称所示，是米兰的名产，经常作为配菜和同是米兰名产的炖小牛胫（参照p148）一起上桌。骨髓的浓厚味道和番红花的味道相辅相成，搭配出无法言喻的美味。更是一款非常有档次的菜品。

北部地方

学习正宗的意大利做法！

### 和炖小牛胫一起做

炖小牛胫是指将带骨的小牛小腿肉炖煮而成（p148）。作为这道菜的配菜，搭配米兰风味烩饭，是因为烩饭中使用了牛胫骨的骨髓的缘故。所以在做炖小牛胫的同时，一定也要做一下这道烩饭吧。

**1** 煎锅内放入1大匙橄榄油加热，将肉煎至双面变色。用茶匙将其中的骨髓挖出，只用骨髓部分。肉用于制作炖小牛胫（参照p148）。也可参照p149在烹调的过程中将骨髓挖出。

**2** 锅内放入2大匙橄榄油加热，放入1中的骨髓，待温热后加入切碎的洋葱，将其炒至变软。

**3** 加入大米翻炒至透明。

要点

注意不要用水洗米或是让米沾上水。如果事先让米沾上水分的话，就不能充分吸收汤汁，米粒就会变得易碎。

**4** 加入白葡萄酒，使其挥发。

要点

加入葡萄酒以后，把火稍微调大一点，使酒精成分瞬间蒸发。

**5** 加入温热的肉汤至没过大米，文火加热，不时搅拌一下。

**6** 将少量温水泡发的番红花连水一起加入锅中。

要点

番红花即便少量，味道也很浓郁，因此注意不要放多了。

**7** 炖的时候，会像图片那样，水分逐渐消失。

**8** 待表面水分变没以后再次加入温热的肉汤。这样反复几次，从第一次加入肉汤的时间算起大约炖煮17分钟。

要点

要不时搅拌一下，以免粘锅。

**9** 待米饭变得有嚼劲之后，用盐和胡椒调味。

要点

品尝一下，米中稍微带点硬芯，有嚼劲的话就恰到好处了。

**10** 关火，加入2大匙橄榄油和帕尔玛干酪，充分搅拌。盖上盖子闷5~6分钟，盛入盘中，再摆上马斯卡普尼奶酪。

# 美味牛肝菌烩饭

*Risotto ai funghi secchi*

Funghi是蘑菇的意思，secchi是干燥的意思，这是一道以干蘑菇美味牛肝菌为主角的烩饭。意大利人钟爱的牛肝菌，其特点是拥有着坚果般的独特香味。在中国，干牛肝菌比较容易买到，只要像干香菇那样用水慢慢泡发，就可以连同美味的泡发汁一起拿来烹调。

烹调时间 **50**分

（泡发干牛肝菌的时间除外）

北部地方

**原料** [2人份]

干牛肝菌……………… 15g
水…………………… 150mL
新鲜火腿……………… 2片
黄油………………… 40g
米…………………… 200g
白葡萄酒…………… 75mL
干牛肝菌泡发汁…… 150mL
肉汤……………… 约500mL
盐、胡椒…………… 各适量
帕尔玛干酪（擦碎）… 50g
意大利芹……………… 适量

**1** 将牛肝菌用定量的水泡发（参照p22）。挤掉水分后切碎，泡发汁备用。新鲜火腿切碎备用。

**2** 锅内放入20g黄油加热，加入1中的牛肝菌和新鲜火腿翻炒，加入大米，炒至透明。

**3** 加入温热的牛肝菌泡发汁和肉汤至没过大米，文火加热，不时搅拌一下。

**4** 待表面水分变没以后再次加入温热的肉汤。这样反复几次，从第一次加入肉汤的时间算起大约炖煮17分钟。

**5** 待米饭变得有嚼劲之后，用盐和胡椒调味。再将剩余的黄油和帕尔玛干酪加入后关火，充分搅拌。

**6** 盖上盖子闷5~6分钟，盛入盘中，用意大利芹装饰。

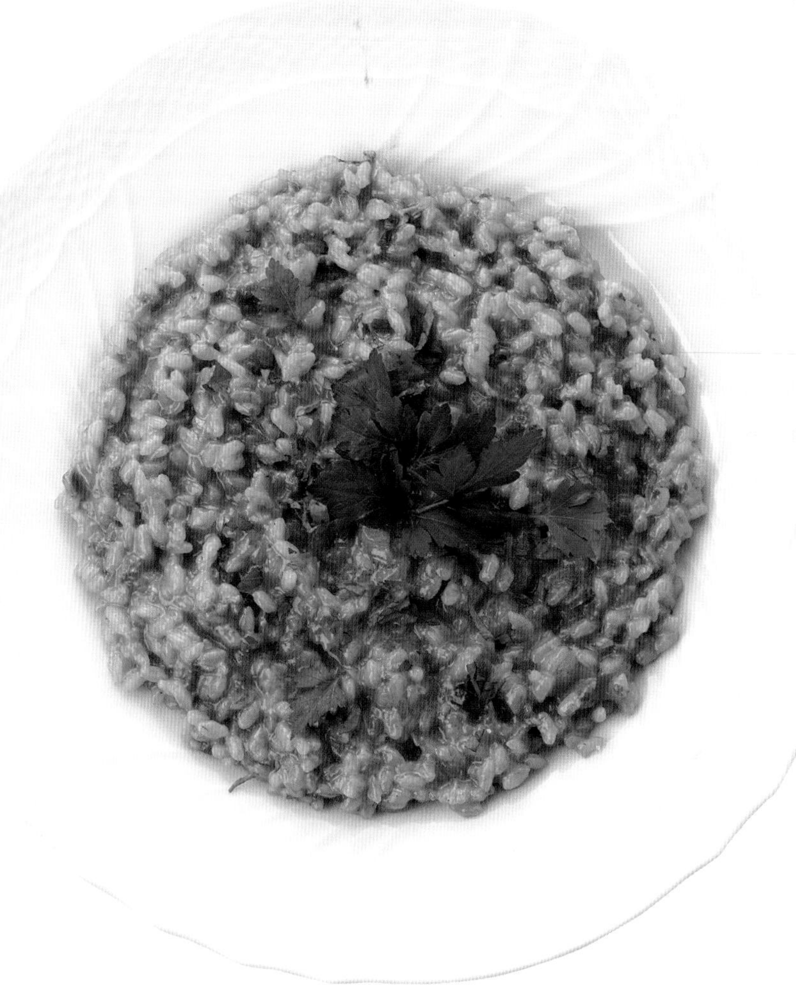

原料 [2人份]

南瓜（小）… 1/10个（150g）
紫洋葱………………… 1/2个
洋葱…………………… 1/2个
黄油……………………… 40g
红葡萄酒…………… 50mL
盐、胡椒…………… 各适量
米……………………… 200g
白葡萄酒…………… 50mL
肉汤……………… 约500mL

# 南瓜烩饭

Risotto con la zucca

温和黏糯的口感，食材健康，是身体状态不好时或作为夜宵食用的推荐菜品。热乎柔软的南瓜的朴素的甜味让人无比怀念，吃进嘴里，身体一下子就暖和起来了。

烹调时间 50分

**1** 南瓜切成1.5cm见方的小块。紫洋葱和洋葱切末。

**2** 锅内放入黄油加热，加入1中的紫洋葱，文火翻炒，炒至变黏后加入红葡萄酒。

**3** 加入盐和胡椒，炒至紫洋葱变软后，加入1中的洋葱翻炒。

**4** 食材都沾上油以后，加入大米，炒至透明。

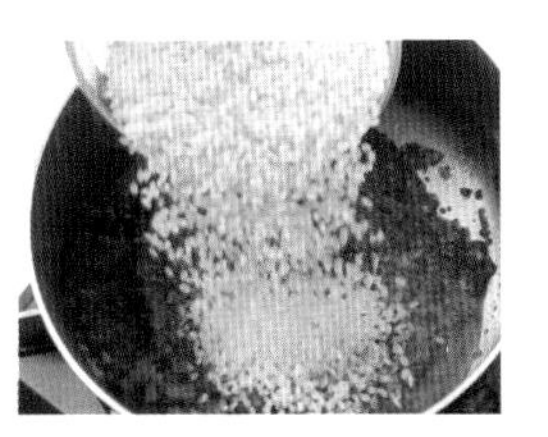

**5** 加入白葡萄酒，把火稍微调大使酒精挥发。加入1中的南瓜和温热的肉汤至没过大米，文火加热，不时搅拌一下。

**6** 待表面水分变没以后再次加入温热的肉汤。这样反复几次，从第一次加入肉汤的时间算起大约炖煮17分钟。

要点

肉汤要在每次水分变没以后一点点加入，这样才能做得好吃。

**7** 待米饭变得有嚼劲之后，关火，盖上盖子闷5~6分钟，盛入盘中。

烹调时间 60分

（泡发干牛肝菌的时间除外）

# 意大利蔬菜汤

Minestrone

这是任何人都品尝过的意大利代表性的汤品。里面加入了各种蔬菜和短面条，比起“喝”一词，用“吃”更为恰当。其中浓缩了蔬菜的鲜美味道，既健康又美味，好像身体和心灵都温暖了起来。

**原料** ［4人份］

|  |  |
|---|---|
| 干牛肝菌 | 2g |
| 水 | 50mL |
| 番茄 | 1/2个 |
| 马铃薯 | 1/2个 |
| 胡萝卜 | 1/4根 |
| 洋葱 | 1/4个 |
| 大蒜 | 1/4瓣 |
| 培根 | 50g |
| 橄榄油 | 2大匙 |
| 香叶 | 1片 |
| 砂糖 | 1/4小匙 |
| 盐、胡椒 | 各少许 |
| A 肉汤 | 450mL |
| A 干牛肝菌泡发汁 | 50mL |
| 浓缩番茄酱 | 1大匙 |
| 短面条 | 50g |
| 青豆（水煮） | 30g |
| 盐 | 不满1/2小匙 |
| 胡椒 | 适量 |
| 意大利芹 | 适量 |

学习正宗的意大利做法！

### 食材丰富的意大利蔬菜汤

意大利蔬菜汤中不固定放哪种蔬菜。可以是应季的蔬菜，也可以是厨房里现有的蔬菜，什么都可以放。总之就是有很多菜码，煮得黏黏的就是蔬菜汤了。在意大利，经常能看到放入豆类的蔬菜汤。

**1** 将牛肝菌用水泡发后，切碎（参照p22）。

要点

干牛肝菌可以在超市等地方轻松买到。和干香菇一样，用水泡发，泡发汁也能使用。

**2** 番茄热水剥皮去籽，切成1cm见方的小块（参照p20）。马铃薯、胡萝卜、洋葱也切成1cm见方的小块。大蒜切末，培根切成长方块。

**3** 锅内放入橄榄油和步骤2中的大蒜，文火加热，煸出香味。

**4** 加入步骤2中的洋葱炒至透明。

**5** 加入步骤1中的牛肝菌和步骤2中的马铃薯、胡萝卜、培根，翻炒后加入香叶、砂糖搅拌。

**6** 融合后，轻轻撒入盐和胡椒。

**7** 加入步骤2中的番茄，盖上锅盖，文火焖7~8分钟。

要点

要经常翻动以免粘锅。

**8** 加入A煮沸。

**9** 加入浓缩番茄酱，炖20分钟左右。

要点

浓缩番茄酱tomato paste指的是将原味番茄酱tomato puree煮干，把水分蒸发掉以后的浓稠酱糊。其浓度是新鲜番茄的6~10倍，所以少量加入味道就会非常浓郁。

**10** 将煮好的短面条和青豆放入锅中，用盐和胡椒调味。盛入容器中，用意大利芹点缀。

烹调时间 65分

# 芥蓝菜汤·白豆蔬菜面包汤

Ribollita

**原料** [4人份]

马铃薯……… 1个（150g）
圆白菜……………… 150g
番茄（小）…………… 2个
西芹…………………… 1棵
胡萝卜……………… 1/2根
绿皮密生西葫芦……… 1根
橄榄油………… 1+1/2大匙
洋葱…………………… 1/2个
干辣椒……………… 1/2个
百里香（碎末）… 2~3小撮
白扁豆（水煮）…… 250g
盐、胡椒…………… 各适量
风干的法式面包……… 6片

[8~10最后加工]
橄榄油…………… 1~2大匙
帕尔玛干酪（擦碎）………
…………………… 1~2大匙
百里香（装饰用）…… 适量

这是托斯卡纳地区的传统菜肴，是意大利版的家乡风味。正宗的做法是将黑色圆白菜、白色扁豆、多余的面包一起咕嘟咕嘟煮开，用白色圆白菜做也很好吃。“ri”就是再次的意思，“bollita”就是炖的意思，正如名称所示，可以一次做很多，第二天将剩余的热来吃会更好吃。

中部地方

4人份

学习正宗的意大利做法！

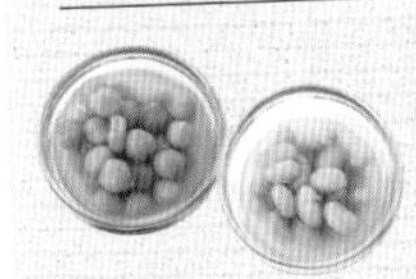

### 豆子可以使用罐头，这样更节省时间

托斯卡纳人特别喜欢豆类。在这道芥蓝菜汤中也使用了大量的豆类。干燥的豆子需要用水泡一个晚上才能拿来煮，如果认为这样很麻烦的话，也可以使用意大利的家庭式水煮罐头。味道几乎没什么差别，这样就能轻松地做出豆类菜肴了。

**1** 马铃薯切片，圆白菜、番茄、西芹切成适当大小，胡萝卜、西葫芦切成圆片。放入汤锅中，加水没过表面，炖30分钟。

**2** 煎锅内放入橄榄油加热，将切成薄片的洋葱和干辣椒（参照p22）放入锅中翻炒。

**3** 待洋葱变软变色后，加入百里香。

**要点**

香草用手撕碎味道更佳。

**4** 在步骤1的汤锅中加入白扁豆和3，用盐和胡椒调味。

**要点**

使用干豆时，需提前用3倍的水量浸泡7～8小时，之后再煮40分钟左右。

**5** 将面包铺放在耐热性好的锅中。

**要点**

稍后会连锅一起放入烤箱内，所以一定要使用耐热性好的锅具。

**6** 用汤勺将步骤4中煮好的汤汁舀出一些，浇在面包上。

**7** 上面再铺上炖好的蔬菜和豆类，加入盐和胡椒，用中火炖10分钟左右。

**8** 洒入少许橄榄油以增加香味。

**9** 撒上帕尔玛干酪，放入预热为180℃的烤箱内烘烤大约10分钟。

**10** 最后洒上橄榄油，用百里香装饰。

# 鸡蛋干酪汤

Stracciatella

意大利中部马尔凯地区传统的用搅碎的鸡蛋和奶酪做成的一种汤。Stracciatella在意大利语中是“破布头”的意思。名字毫无道理，但是味道却是温和细腻，喝入口中有一种舒服轻松的感觉。在身体不好的时候或是作为婴儿辅食来说都是再好不过的一道汤品了。

烹调时间 **30**分

**原料** [4人份]

帕尔玛干酪（擦碎）… 50g
面包屑…………………… 30g
杏仁粉…………………… 50g
鸡蛋……………………… 2个
肉汤…………………… 500mL
盐、胡椒…………… 各适量
意大利芹………………… 适量

学习正宗的意大利做法！

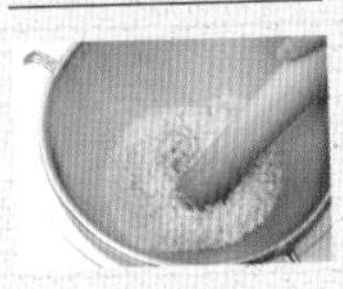

### 面包屑冷冻保存更方便

意大利的质地较细的面包屑，在中国很难买到，所以我们要手工制作（参照p22）。面包屑原本就是适合冷冻保存的食品，所以我们可以一次性多做一些冻起来。放入保存容器中密封好以后，先快速冷冻，然后放入冷冻室中保存。无须解冻可直接使用，所以非常方便。

**1** 碗内放入帕尔玛干酪、面包粉和杏仁。

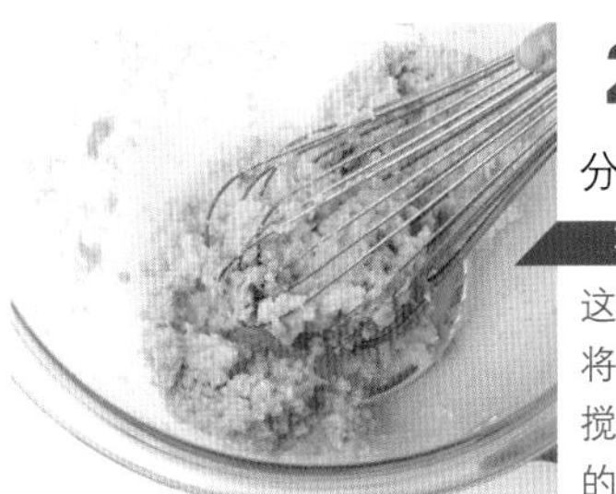

**2** 加入鸡蛋，用打蛋器充分搅拌。

要点

这一步骤中如果不将蛋白部分的组织搅碎，会变成滑溜的鸡蛋汤，所以一定要好好搅拌。

**3** 锅内放入肉汤，加热煮沸。

**4** 将2慢慢流入锅中，用盐和胡椒调味，并用打蛋器仔细搅动。

**5** 一边加热一边用打蛋器搅动，直至再次沸腾。

要点

为了避免粘锅以及鸡蛋凝结成较大的块状，加热过程中要不断搅动。

**6** 盛入器皿中，撒上切碎的意大利芹加以装饰。

失去了水分，变得干巴巴

鸡蛋干酪汤在做好以后要立刻端上餐桌，放置的时间太久，面包屑吸收了汤汁，水分就会变没了。

## 意大利面和意式烩饭居然原本都是汤品

汤品在意大利，属于继头盘之后上桌的第一道菜，意大利面和烩饭等也都属于第一道菜。虽说同属第一道菜，但汤品以清淡的菜肴居多，意大利面和烩饭因为都是碳水化合物，所以很容易堆积在体内。那为什么这些被归为同一类型呢?

那是因为在最初的时候，先是有了麦子、豆类、蔬菜等汤品的存在，后来即使从阿拉伯传过来了意大利面和米等食物，但在相当长的一段时间内还都只用来当作汤中的菜码。

意大利面和烩饭在经历了漫长的岁月后，变成了现在这种以无汤汁的形式作为主流，但从历史的变迁过程来看，汤类、意大利面和烩饭，被同样归类为第一道菜。

汤

烩饭

意大利面

第一道菜

烹调时间 40分

# 扁豆小麦汤

Zuppa umbra

正如其名称（umbra）所示，是意大利翁布里亚（Umbria）地区经常制作的一款汤品。斯佩耳特小麦，相当于现在使用的小麦的原种，从9000年前开始被种植。营养价值高，富含食物纤维，近年来其价值被重新认识。扁豆也是世界五大健康食品之一。让我们来尝试制作健康热乎的汤品吧。

**原料** ［2人份］

橄榄油………………1大匙
洋葱…………………1/2个
西芹…………………1/2棵
非熏制的咸猪肉（盐渍猪五花肉）………………50g
斯佩耳特小麦…………50g
浓缩番茄酱…………2大匙
固体汤料………………2个
水……………………500mL
马铃薯…………………1个
扁豆（水煮）…………60g
盐、胡椒……………各适量

［饰物］

佩科里诺干酪（擦碎）……
…………………1~2大匙
意大利芹………………少许
橄榄油…………1~2大匙

中部地方

**1** 锅内放入橄榄油加热，加入切碎的洋葱和西芹。

**2** 为了防止粘锅，用木铲一边搅拌一边用中火炒至全体变软。

**3** 加入切成5mm见方的咸猪肉块。

**要点**

无法买到非熏制的咸猪肉时，可以用培根代替。咸猪肉是非熏制的，能品尝出跟新鲜火腿相似的味道。

**4** 用木铲一边搅拌一边用文火翻炒，直至将咸猪肉炒出油为止。

**5** 加入斯佩耳特小麦。

**要点**

斯佩耳特小麦中有坚果那种独特的香味和甘甜深远的味道。因为皮薄，所以可以整个拿来吃，放入汤或炖菜中可以享受其扑哧扑哧的口感。

**6** 一边搅拌一边翻炒，让油沾得均匀。

**要点**

因为小麦很容易吸油，所以要尽快翻炒，让全体都沾上油分。

**7** 加入浓缩番茄酱和固体汤料，放入500mL水，沸腾后盖上盖子，炖15分钟左右。

**8** 加入切成1cm见方的马铃薯。

**9** 加入扁豆，炖5分钟左右，用盐和胡椒调味。

**要点**

因为使用的是水煮扁豆，所以可以在这个时间放入，如果使用干燥扁豆，要和小麦一样在步骤5中加入。

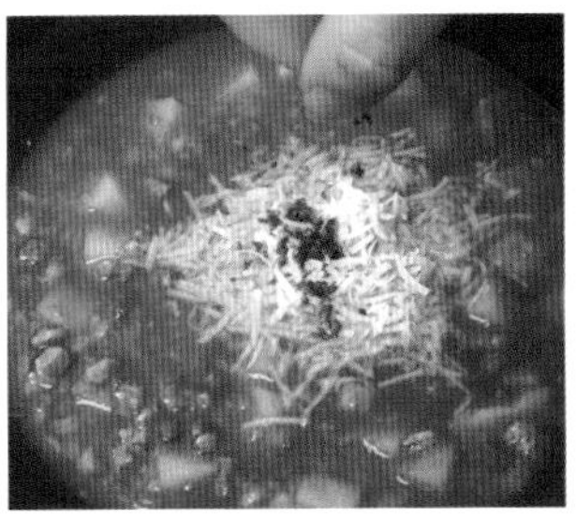

**10** 盛入容器中，撒入佩科里诺干酪和切碎的意大利芹，并浇上橄榄油。

比萨、烩饭、汤

看上去更好吃

# 摆盘的窍门

因为比萨要切成放射状，所以要把菜码撒得均匀，切到哪里都能切出同样的菜码。烩饭盛得扁平是意大利风格。汤要注意盛的量的多少。

## 俾斯麦比萨

➡ p106

容器要简单的白色调，尺寸以刚好盛得下比萨为宜，这样才更有意大利风格。

沙司撒得要均匀，不要堆在一处，菜码也要均匀地撒在整个比萨上。这样切分的时候才能保证不论吃到哪一块都是同样的味道。颜色均匀，看上去很美味，真是一举两得。

## 美味牛肝菌烩饭

➡ p112

单色的烩饭，用不同色调的香草和乳酪来装饰的话，整体看上去更紧凑、更好吃。

要想体现出意大利范儿的话，尝试用浅一点的容器或是盘子来盛装吧。这是意大利的餐馆和家庭中经常使用的装盘方法。

## 扁豆小麦汤

➡ p120

要在汤上装饰以少量的较轻的汤料，以免其沉入碗底。图片中是将其装饰在容器的中间部位，如果在四周装饰成圆形，也是非常赏心悦目的。

通常汤品不要盛得太满，盛到容器边缘靠下方一些看上去更有均衡感。

第五部分

**意大利菜也是乡土菜肴。**
**即便是主菜也是既简单又美味！**

# 海鲜盘、肉盘

主菜的海鲜盘和肉盘是作为第二道菜上桌的。说到主菜，人们往往会认为一定要花费一番心思才能做出来，但事实恰好相反，这就是意大利风格。既不需要像法国菜那样制作烦琐的沙司，也不需要像日本料理那样在细节上费心思。所谓意大利菜，就是在当地流传的乡土菜肴，所以，即便是主菜，也不用花费太多心思，轻松地就能做出来。

Secondi Piatti

# 番茄水煮鱼

## Acqua pazza

原料 [2人份]

石鲈……………………… 1条
整虾……………………… 4只
花蛤……………………… 6个
贻贝……………………… 6个
橄榄油………… 1+1/2大匙
大蒜…………………… 1/2瓣
干辣椒………………… 1/2个
番茄干…………2个（4片）
水……………………300mL
韭葱（法国大葱）…… 50g
盐、胡椒……………… 适量
意大利芹……………… 适量

番茄水煮鱼（Acqua pazza）是将肉质为白色的鱼类和虾等海鲜用水或白葡萄酒炖煮而成的菜肴。据说这道菜发源于海鲜资源丰富的南部意大利的渔民们在船上烹调的菜肴。虽然简单，但却可以尽情品尝到海鲜类所散发出的鲜美滋味。

南部地方

2人份

学习正宗的意大利做法!

### 只要是白肉的鱼就OK!

番茄水煮鱼中使用的鱼，可以是鲷鱼、金眼鲷、鲈鱼、鳕鱼、笠子鱼、鲳、鲽鱼等，只要是白肉的鱼都可以。根据鱼的种类坚持采用应季的鱼，这就是意大利风格。如果感觉准备工作比较麻烦，用鱼肉块也能做得很好吃。

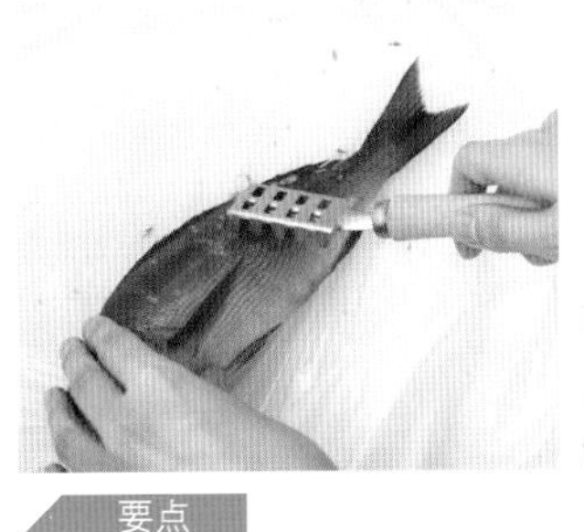
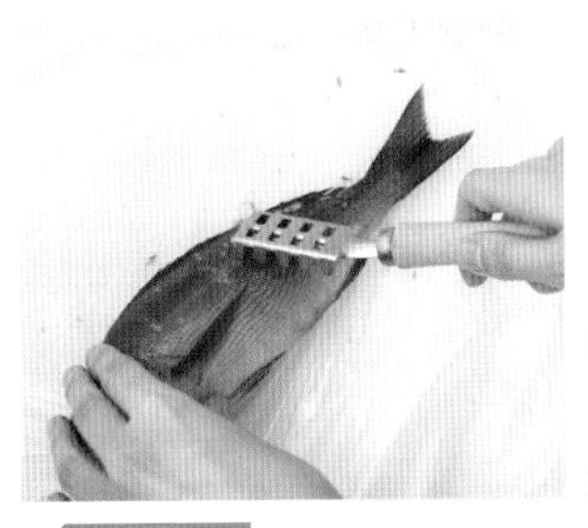

**1** 石鲈去鳞。

要点

头部的鱼鳞比较难于去除，可以把鱼头部冲下刮去鱼鳞。

**2** 去除内脏，洗干净并沥去水分。

**3** 将整虾背部的虾线摘除，花蛤和贻贝清洗干净，做好准备工作（参照p25）。

**4** 锅内放入橄榄油和拍碎的大蒜、干辣椒，文火加热，煸出香味。

**5** 放入石鲈，双面煎至上色。

要点

火太大的话，鱼皮容易粘到锅上，因此要小火慢慢煎。

**6** 将石鲈从锅内取出，加入对半切开的番茄干和水，烧至沸腾。

**7** 再将石鲈放回锅内，炖10分钟左右。

**8** 将3和切成1cm宽的韭葱加入锅内，再炖4~5分钟，用盐和胡椒调味。

要点

如果水分熥干了的话，可以加入适量的水以免粘锅。

**9** 将切成碎末的意大利芹撒入锅内，根据个人喜好洒上些橄榄油，盛入容器内。

啊！失败了！

**不要把大蒜炒煳了**

之所以用橄榄油煸炒大蒜，是为了将香味炒入油中。一旦大蒜煳掉，味道就会进入菜肴中，所以遇到这种情况还是倒掉重做吧。

烹调时间 30分

# 西西里风味烤沙丁鱼

Sarde alla siciliana

原料［2人份］

- 沙丁鱼…………………… 2条
- 盐、胡椒………………… 适量
- 面粉……………………… 适量
- 橄榄油…………………… 3大匙
- 大蒜……………………… 1/2瓣
- 干辣椒…………………… 1/2个
- 鳀鱼……………………… 2片
- 松子……………………… 1大匙
- 葡萄干…………………… 1大匙
- 水………………………… 100mL
- 牛至……………………… 适量
- 面包屑…………………… 3大匙

在被地中海环绕的西西里岛上，利用当地捕捞的新鲜沙丁鱼制作的菜肴有很多！将沾满面粉嫩煎而成的沙丁鱼和同为西西里特产的面包屑组合在一起的话，绝对能够让你感受到酥脆的口感。

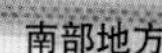

**1** 将沙丁鱼切成3片（参照p23）。

**2** 在1上撒上盐和胡椒，用滤茶网在上面撒上面粉。

**3** 煎锅内放入1大匙橄榄油，文火加热，放入2煎出香味。

要点

沙丁鱼从带皮一侧开始煎，如图片所示渗出血丝后再翻至另一侧煎烤。

**4** 在另一口煎锅内放入1大匙橄榄油和切好的蒜片，文火加热，炒出香味后加入干辣椒（参照p22）和切碎的鳀鱼翻炒。

**5** 加入松子、葡萄干和水，收汁。

**6** 加入牛至，用盐和胡椒调味。

**7** 将3中的沙丁鱼盛入容器中，浇入6。

**8** 用煎锅煎炒面包屑。

要点

不要放油干煎。一边晃动煎锅，一边用锅铲搅拌，以免煳锅。

**9** 待面包屑炒至黄褐色，加入1大匙橄榄油，充分搅拌。

**10** 将9撒在7中的沙丁鱼上，再撒上牛至叶。

# 利沃诺风味意大利海鲜锅

*Cacciucco alla livornese*

烹调时间 **40分**

**原料** [2人份]

- 橄榄油……………… 2大匙
- 大蒜……………… 1瓣
- 干辣椒……………… 1个
- 西芹……………… 1/3棵
- 胡萝卜……………… 1/3根
- 洋葱……………… 1/2个
- 韭葱（法国大葱）…… 40g
- 白葡萄酒……………… 200mL
- 整番茄罐头……………… 200g
- 浓缩番茄酱……………… 1大匙
- 长枪乌贼……………… 1条
- 章鱼……………… 50g
- 鲈鱼……………… 100g
- 贻贝……………… 8个
- 整虾……………… 4只
- 盐、胡椒……………… 适量
- 面包……………… 8片
- 意大利芹……………… 1枝

中部地方

在托斯卡纳大区的小港口城市利沃诺，会将无法拿去贩卖的海鲜一起放到锅里煮，这就是这道菜的来源。Cacciucco（炖海鲜）一词中有五个字母"c"，利沃诺风味就是要在锅中放入五种以上的海鲜。一定要试一下在充满了海鲜味道的汤中浸泡吐司的感觉。

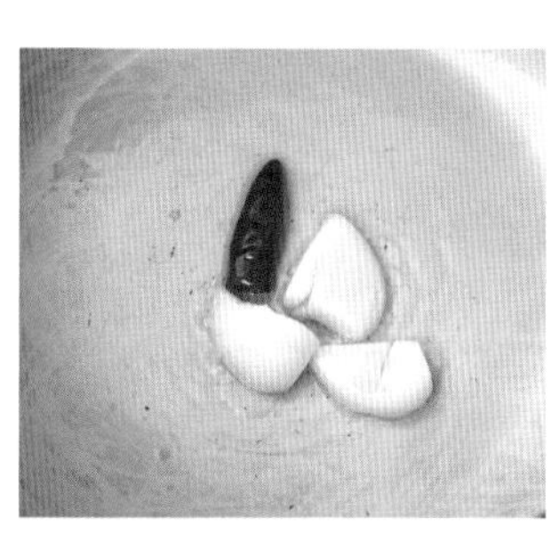

**1** 锅内放入橄榄油和拍碎的大蒜、干辣椒（参照p22），文火加热，煸出香味。

**2** 将切成5mm见方的西芹、胡萝卜、洋葱和切成片的韭葱放入锅内，充分翻炒直至变软。

**3** 浇入白葡萄酒，炒至酒精挥发。

要点

葡萄酒稍微沸腾，冒出蒸汽即可。

**4** 加入过滤好的番茄罐头（参照p20）和浓缩番茄酱，加盖用中火炖煮至水分变为2/3。

**5** 将乌贼、章鱼、鲈鱼切成方便食用的大小备用。整虾摘除背上的虾线，贻贝洗净，做好准备工作（参照p25）。

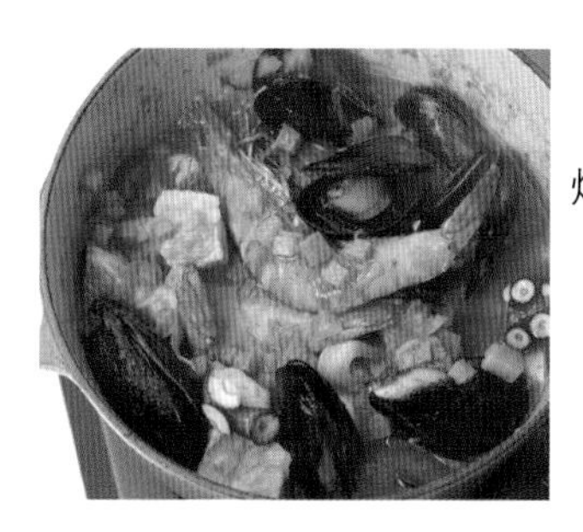

**6** 将5放入步骤4的锅中炖煮。

**7** 待菜码都煮熟后，用盐和胡椒调味。

要点

充分煮熟的贻贝仍然不开口的话就是不新鲜，要将其扔掉。

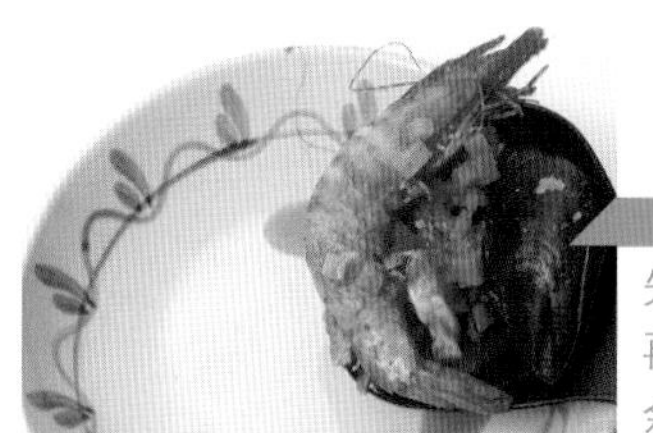

**8** 将7盛入容器中。

要点

先将虾盛入碗中，再摆放好贻贝，空余的部分倒入剩余的沙司，这样就能盛放得比较漂亮了。

**9** 面包切片，摆在四周。

**10** 撒上切成末的意大利芹。

烹调时间 45分

（制作番茄沙司的时间除外）

# 糖醋剑鱼

*Pesce spada in agrodolce*

Agrodolce是“酸甜”的意思，是西西里菜肴的烹调法之一，使用番茄、砂糖、黑葡萄醋等进行烹调。有时也使用鸡肉和蔬菜，但作为西西里特产之一的剑鱼，没有异味，特别适合用来做这道菜。酸甜口味的沙司，更能彰显剑鱼的清淡味道。

**原料** ［2人份］

- 橄榄油……2大匙
- 大蒜……1/2瓣
- 洋葱……1/4个
- A
  - 番茄沙司（参照p18）……150mL
  - 砂糖……1/2小匙
  - 白葡萄酒醋……1/2大匙
  - 黑葡萄醋……1/2大匙
  - 葡萄干……5g
- 松子……5g
- 剑鱼（段）……200g
- 盐、胡椒……适量
- 面粉……适量
- 意大利芹……1枝

南部地方

学习正宗的意大利做法！

### 剑鱼在意大利也是餐桌必备品

剑鱼在意大利也是餐桌上的美味之一。虽然大量上市的旺季是秋冬时节，但冷冻的剑鱼却是一年四季都买得到。购买的时候，要挑选透明的淡桃色、肉质紧实的剑鱼。

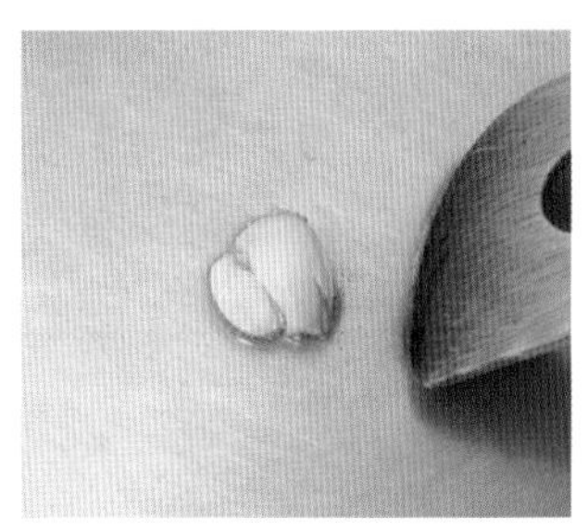

**1** 锅内放入橄榄油和拍碎的大蒜，文火加热，煸出香味。

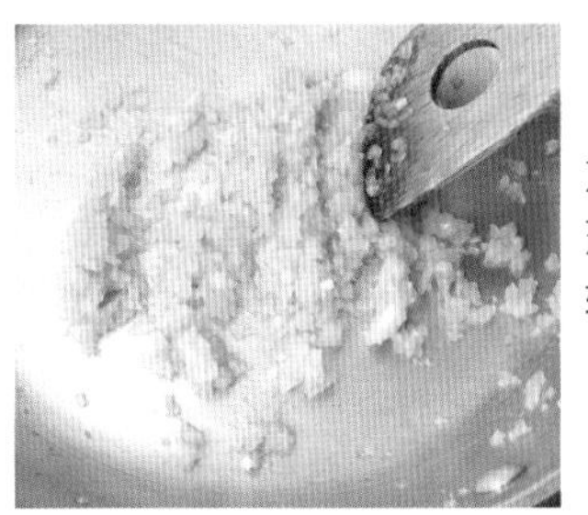

**2** 待大蒜变成淡黄褐色，加入切碎的洋葱，文火炒至变软。

**3** 加入A和轻轻煎过的松子，炖煮。

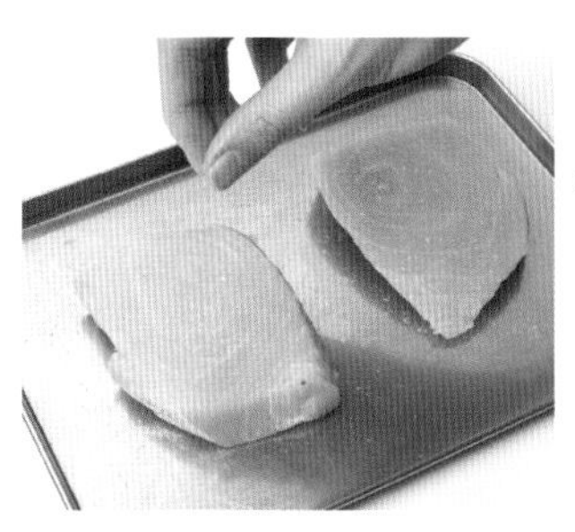

**4** 在剑鱼两面轻轻撒上盐和胡椒。

**5** 用滤茶网在4上撒上面粉。

**要点**

如果面粉沾得过多，口感就会变得黏糊糊，所以要像图片所示那样，将面粉放入滤茶网中轻轻抖动撒在上面。

**6** 锅内稍微多放些橄榄油，中火加热，将5放入其中煎炸一下。

**要点**

橄榄油的量为鱼片厚度的1/4～1/3为宜。下侧煎至黄褐色时翻过来煎另外一侧。

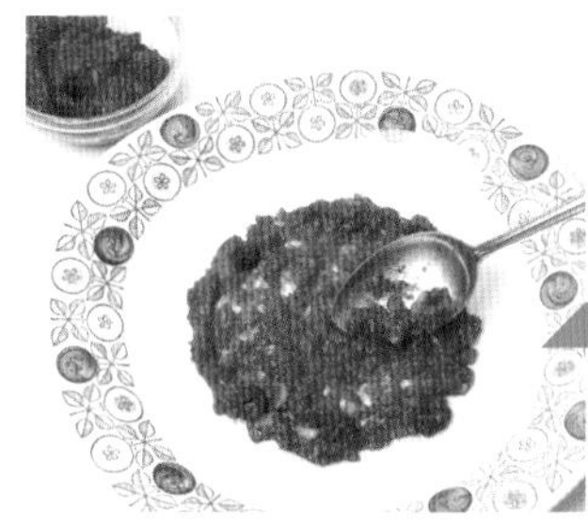

**7** 准备两个容器，在两个容器内各放入3种沙司的1/4量。

**要点**

使用勺子往盘子上涂抹沙司的话，不会弄脏盘子周围，还能涂得很漂亮。

**8** 在沙司上放上煎好的剑鱼。

**9** 将剩余的沙司分别抹在两个盘中的剑鱼上。

**要点**

从上方涂抹沙司，以免剑鱼被沙司埋住，这样看起来更美观。

**10** 撒上切成碎末的意大利芹。

烹调时间 **60**分

原料 ［2人份］

| | | |
|---|---|---|
| A | 橄榄油 | 3大匙 |
| | 大蒜（切末） | 1/2瓣 |
| | 意大利芹（切末） | 1/2枝 |
| | 番茄 | 1+1/4个（200g） |
| | 柔鱼（枪乌贼） | 2只 |
| | 橄榄油 | 1大匙 |
| | 大蒜 | 1/2瓣 |
| B | 盐 | 1小撮（鱿鱼足重量的1%） |
| | 鸡蛋 | 1/2个 |
| C | 面包屑 | 1大匙 |
| | 罗勒（切末） | 1/2枝 |
| | 马苏里拉奶酪（切末） | 100g |
| | 松子（碎块状） | 15g |
| | 黑橄榄（切末） | 30g |
| | 西芹（切末） | 1/2棵 |
| | 柠檬汁 | 1大匙 |
| | 干辣椒粉 | 1小撮 |
| | 白葡萄酒 | 100mL |
| | 盐、胡椒 | 适量 |
| | 意大利芹 | 适量 |

# 酿花枝

## Calamari ripieni

说到往鱿鱼里填充食材做出的料理，在日本当属鱿鱼饭了，这道菜相当于是“意大利风味鱿鱼饭”。在鱿鱼体内塞入面包屑和鱿鱼足，放入番茄沙司中炖煮的话，面包屑就会膨胀，成为一道口感劲道的主菜。若能买到新鲜小号的鱿鱼就试着做一下吧。

意大利全国

1 煎锅内放入A，文火加热，煸出香味。

2 在1中加入热水去皮去籽并切成5mm见方的番茄（参照p20），盖上盖子小火炖10分钟左右。

3 鱿鱼去除内脏，剥皮，用水洗净备用（参照p24）。足部切碎。

要点

用干抹布或厨房用纸包住鱿鱼表皮的话，不易滑落，容易剥皮。

4 在另一口煎锅内放入橄榄油和切碎的蒜末，文火加热，煸出香味。将步骤3中的鱿鱼足放入翻炒。

5 碗内放入4、B，充分搅拌至变黏。再加入C，充分搅拌。

6 用勺子将5塞入鱿鱼体内。

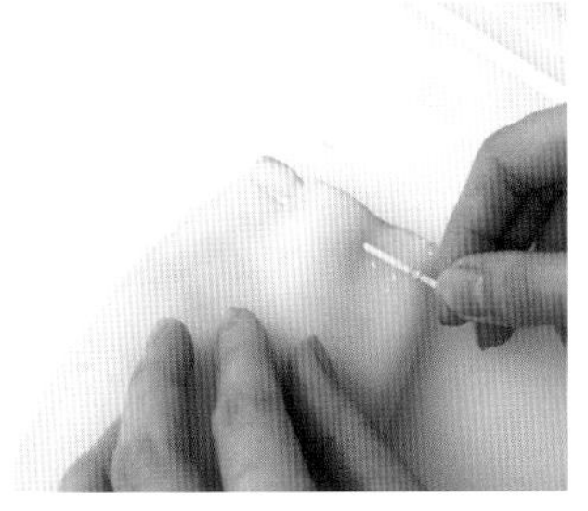

7 用牙签封住开口处，以免里面的馅漏出。

8 在步骤2的煎锅中放入7、干辣椒粉和白葡萄酒，盖上盖子小火炖20分钟左右。用盐和胡椒调味。

要点

中途如果翻面的话，鱿鱼耳部分容易碎掉，所以炖的时候无须翻面。

9 取出鱿鱼，切片后盛放在容器中。将煎锅内剩余的沙司浇在上面，在撒上切成碎末的意大利芹加以装饰。

啊！失败了！

千万不要塞得过满

如果馅塞得太多，炖的时候就会过度膨胀，鱿鱼就会破掉。以塞入馅后膨胀程度和取出内脏前膨胀程度相当为宜（图片中，上方的鱿鱼是菜码塞得过多的，下方的鱿鱼为合适的量）。

烹调时间 30分

（制作番茄沙司和冷藏时间除外）

# 水煮章鱼

*Polpo affogato*

看上去好像是章鱼溺毙在足量的番茄沙司中，因此也被称作“溺毙的八爪鱼”，是那不勒斯的名菜。章鱼筋道的口感再加上番茄的酸味，非常适合搭配葡萄酒。再放入焯好的花椰菜，章鱼和番茄的红映衬着花椰菜的绿，构成了让人垂涎三尺的色彩。

南部地方

原料 ［2人份］

- 鳀鱼……………………… 1片
- 黑橄榄…………………… 8个
- 大蒜…………………… 1/2瓣
- 刺山柑……………… 1/2大匙
- 橄榄油……………… 2大匙
- 柠檬汁……………… 1/2小匙
- 章鱼（煮）………… 150g
- 西兰花……………… 7~8块
- 番茄沙司（参照p18）50mL
- 盐、胡椒………………… 适量
- 意大利芹………………… 适量

学习正宗的意大利做法！

## 根据吸盘来选择章鱼

新鲜章鱼处理起来比较麻烦，所以买到事先煮好的章鱼就会很方便。要挑选那种足部较大、吸盘较小排列整齐的。加热时间过长肉质会变硬，所以要尽快烹调才会做得好吃。

2人份

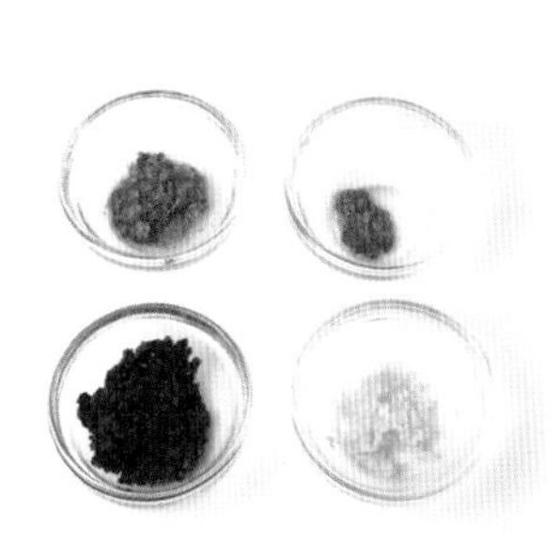

**1** 分别将鳀鱼、黑橄榄、大蒜、刺山柑切末备用。

**2** 碗内放入1、橄榄油和柠檬汁，充分搅拌。

**3** 章鱼随手切成方便食用的块状，放入深一点的平底方盘中。

**4** 在步骤3的方盘中加入2，使之沾满章鱼表面。

**5** 盖上保鲜膜，放入冰箱内冷藏2小时，使章鱼充分入味。

**6** 锅内烧开水，将西兰花轻焯一下。

Point

一定要等水开后再放入西兰花，1分钟后即捞出，无须过冷水。

**7** 将5中的章鱼和汤汁一起放入煎锅内，炒至大蒜出香味。

**8** 加入6，炒至西兰花入味。

**9** 加入番茄沙司，调成大火，充分搅拌并放入盐和胡椒调味。

Point

炖的时间太长章鱼会变硬，因此要快速搅拌用大火一气煮好。

**10** 煮好后盛入容器中，将切成末的意大利芹撒在上面。

# 面包屑焗大虾

## Scampi al gratin

**原料** [2人份]

整只红虾……………………4只
A
- 面包屑………………2大匙
- 帕尔玛干酪（擦碎）2大匙
- 大蒜（切末）………1/2瓣
- 意大利芹（切末）……1枝

盐、胡椒………………适量
黄油………………………10g
B
- 罗勒……………………7g
- 橄榄油………………20mL
- 帕尔玛干酪（擦碎）1/2大匙
- 松子……………………5g

柠檬………………………适量
意大利芹…………………适量

在海鲜类上撒上面包屑再放到烤架上熏烤的烹调方法，是意大利菜肴的常见做法之一。面包屑能包裹住海鲜的鲜味，同时又能增加松脆的口感。在意大利使用竹节虾来制作这道菜品，但使用容易买到的整只红虾也能做得很好吃。

北部·南部地方

**1** 虾洗净，从背部纵向切开一道切口。

**2** 摘除虾线。

要点

背部的虾线相当于虾的肠子，如果保留的话会有土腥味。不容易摘除的时候可以用牙签前端挑起，这样就容易去除了。

**3** 将虾沿着切口处展开，轻轻撒上一层盐。

**4** 碗内放入A，加入盐和胡椒，充分搅拌。

**5** 将4撒在虾背上。

**6** 将黄油熔化后浇在上面。

要点

熔化黄油时，可将其放入耐热容器中，放在微波炉内，选择“小火”或“解冻”模式，加热1~2分钟即可简单将其熔化。

**7** 将6放入预热为200℃的烤箱内，烘烤10分钟左右。

**8** 用搅拌器将B打成糊状。

**9** 将8抹在步骤7中的虾上，摆放于容器中，再添上切成装饰用的柠檬和意大利芹。

### 如何使冷冻的虾做得好吃

买新鲜虾的时候要注意观察，挑选壳内肉质饱满的虾。冷冻的虾包括已解冻的虾和冻板虾，因为解冻后新鲜度会骤然下降，所以建议购买冻板虾，在烹调之前再解冻。解冻时装入密封袋中放入大碗内，用细小的流水边冲边解冻的话，腥味就不明显了。

烹调时间 45分

# 纸包烤海鲜

Pesce al cartoccio

**原料** [2人份]

马斯卡普尼奶酪……… 100g
A 洋葱（切末）……… 1/4个
A 罗勒（切末）………2~3片
A 大蒜（切末）……… 1/2瓣
鲑鱼（新鲜）………… 100g
梭子蟹………………… 1/2只
盐、胡椒……………… 适量
紫菊苣……………………30g
甜椒（红、黄）…… 各1/2个
橄榄油………………… 2大匙
洋蘑菇…………………… 4个
小番茄…………………… 6个
小茴香……………………2~3枝

Cartoccio指的是“用纸包住烘烤”。这道菜品可以使用各种食材，但是将海鲜和丰富的蔬菜包在一起烤的话，蔬菜上就会浸满海鲜汁，变得非常可口。在打开纸的一瞬间，一下子冒出的热气和香味都是让人非常期待的。在小型的宴会上或是庆祝的场合也非常适合拿来当作主菜。

意大利全国

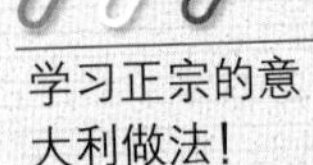

学习正宗的意大利做法！

### 意大利的传统蔬菜“紫菊苣”

Radicchio（trevise）是意大利的传统蔬菜之一，白色和紫红色的反差非常漂亮，其特征是味道微苦。最近在大型超市里也能找到了，但是要是买不到的话，可以用紫甘蓝代替。

2人份

**1** 将马斯卡普尼奶酪从冰箱里取出放入碗中，使其恢复至室温。

**2** 在1中加入A，用橡胶铲充分搅拌。

**3** 将鲑鱼和梭子蟹切成便于食用的大小（参照p24）。

**4** 把3放入步骤2的碗中，充分搅拌。

**5** 撒上盐和胡椒，再度搅拌。

**6** 在另外一个大碗内放入切成细丝的紫菊苣、甜椒、盐、胡椒、橄榄油，充分搅拌。

**7** 将长度为60cm左右的厨房用薄纸展开，将6放在中间。

要点

没有厨房用薄纸的时候，可以用锡箔纸代替。

**8** 在7上面放上5，摊开。

**9** 将切成薄片的洋蘑菇、对半切开的小番茄和切成细丝的小茴香放在上面。

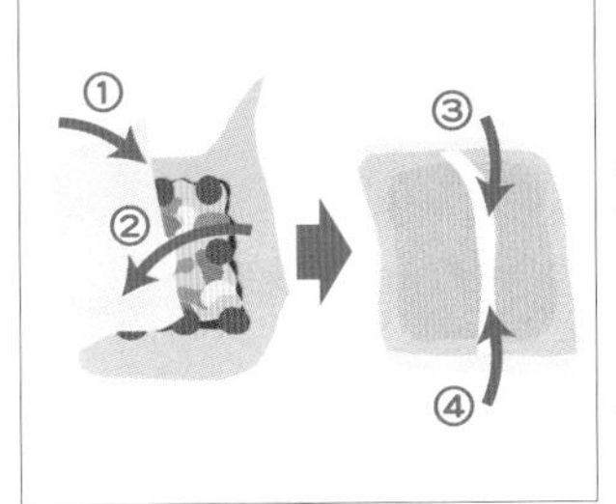


**10** 将薄纸折起，把放在上面的菜码仔细包好，放入预热为180℃的烤箱内烘烤15~20分钟。

要点

一定要仔细包好，以免中间的空气漏出去。将两端各折2次以确保不漏气。

烹调时间 60分

# 番茄汁酿贻贝

## Cozze ripiene al pomodoro

贻贝在意大利语中被称作"cozze"，在意大利一年四季都卖得很便宜，所以被拿来做各种菜肴。充分利用贻贝的大小，在其中塞入面包屑炖煮而成的这道菜品，能够将贻贝的鲜美和岩石的香气融入面包屑中，口感也非常[illegible]。

**原料** [2人份]

| | 原料 | 用量 |
|---|---|---|
| A | 帕尔玛干酪（擦碎） | 25g |
| A | 面包屑 | 25g |
| A | 去骨火腿（切末） | 50g |
| A | 鸡蛋 | 1/2个 |
| | 贻贝 | 12个 |
| | 大蒜 | 1瓣 |
| | 意大利芹 | 1枝 |
| | 盐 | 1小撮 |
| | 白葡萄酒 | 50mL |
| | 橄榄油 | 1/2大匙 |
| | 大葱 | 10cm |
| | 鳀鱼 | 1片 |
| | 番茄 | 1+1/4个（200g） |
| B | 绿橄榄 | 6粒 |
| B | 刺山柑 | 1/2大匙 |
| B | 粉红胡椒 | 1/2小匙 |
| | 盐、胡椒 | 适量 |

南部地方

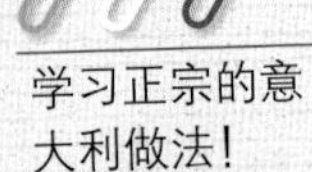

学习正宗的意大利做法！

### 贻贝的旺季是晚夏至初秋

应季的贻贝肉大，味道浓郁。在以意大利为首的南部欧洲，贻贝的旺季是夏季，但在日本国内，贻贝的旺季却是晚夏至初秋。最好挑选那种个头虽小，但是有一定厚度，手感较重的那种，不要挑选张口的和外壳破裂的。

1 碗内放入A，充分搅拌。

2 将贻贝洗净，处理好备用（参照p25）。

3 锅内放入拍碎的大蒜、意大利芹的茎部、盐、白葡萄酒和贻贝，盖上锅盖，大火煮至贻贝张口。

4 待贻贝开口后，从中挑选出8个张口稍大一点的，在贝壳内塞入1。

要点

稍后炖的时候，塞入的馅会膨胀，为了防止溢出，塞馅的时候稍微留出些空隙。

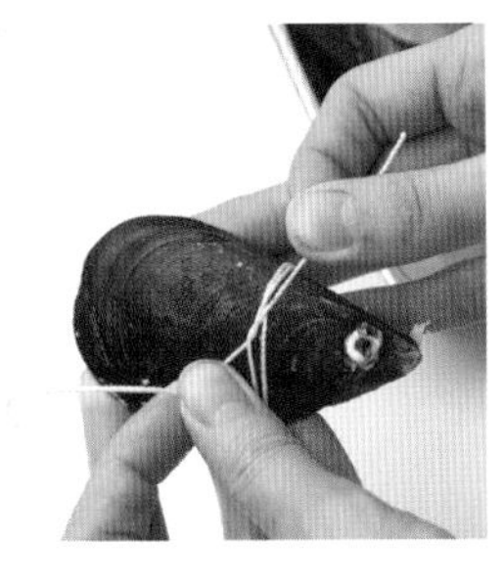

5 将4中的贻贝口合上，用风筝线缠上几圈绑好，以免张口。

6 将锅内剩余的贻贝取出。

7 在笊篱上铺上打湿的纱布，将煮贻贝的汤汁过滤备用。

要点

也可用打湿的厨房用纸代替纱布。

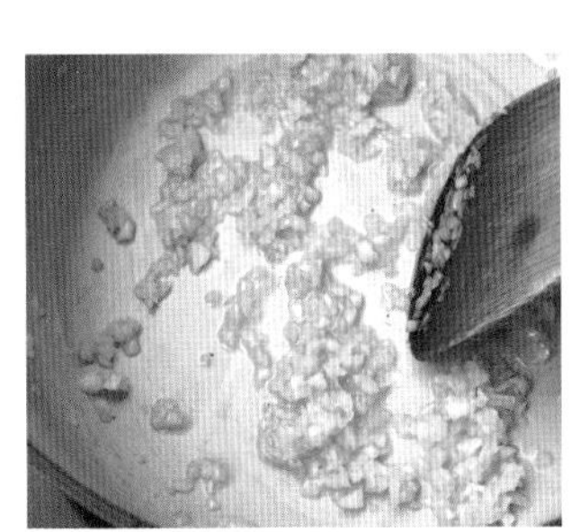

8 锅内放入橄榄油，文火加热，加入葱末，充分煸炒。

9 在步骤8的锅中放入鳀鱼和去皮去籽后切成1cm见方的番茄丁（参照p20），加入5和7，盖上锅盖，中火炖10分钟左右。

10 加入B、步骤6中的贻贝，意大利芹菜叶的碎末、盐和胡椒，盖上盖子再炖10分钟左右。解开风筝线盛入容器中。

烹调时间 80分

# 金枪鱼沙司配猪里脊肉

Maiale tonnato

原料 [2人份]

猪里脊肉……………… 250g
鳀鱼……………………… 2片
洋葱……………………… 1/2个
金枪鱼（罐头）…… 1+1/2罐（120g）
盐………………………… 1小撮
白葡萄酒………………… 1杯
橄榄油…………………… 2大匙
刺山柑…………………… 1大匙
柠檬汁………………… 1/2小匙
意大利芹………………… 少量
苦苣……………………… 适量

“tonnato”指的是用金枪鱼罐头做的沙司。在发源地皮埃蒙特大区，人们习惯于将金枪鱼沙司和炖小牛肉搭配，做成冷盘，但这种味道浓郁的沙司，和清淡的水煮猪肉也非常搭调！趁热吃也非常好吃。

北部地方

2人份

学习正宗的意大利做法！

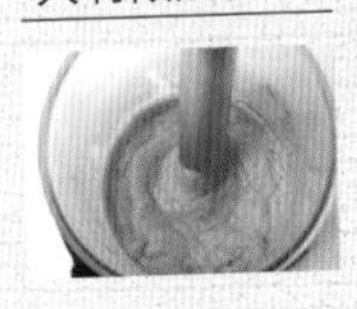

### 金枪鱼沙司的各种做法

金枪鱼沙司，除了本书中介绍的以外，还有各种用途，如涂抹在吐司上做成三明治，或是搭配煮好的鸡胸脯肉和马铃薯，也可作为意大利面沙司使用。放入密闭容器的话，可以在冰箱中保存3~4天。

1 用风筝线将猪里脊肉绑好，以免煮碎（参照p25）。

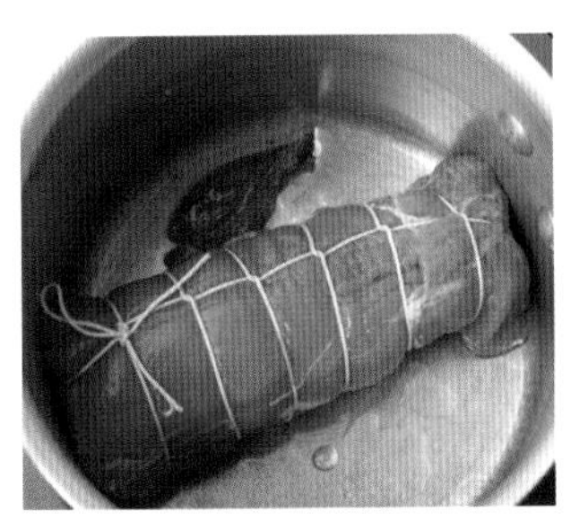

2 锅内放入1和鳀鱼。

3 加入切成细丝的洋葱、金枪鱼罐头、盐和白葡萄酒。

要点

金枪鱼罐头要将浸泡的油汁沥干后放入锅内。

4 盖上盖子，中火炖1小时左右。

5 待肉变软后取出，放入方盘中冷却备用。

6 将锅内剩余的菜码倒入搅拌器中。

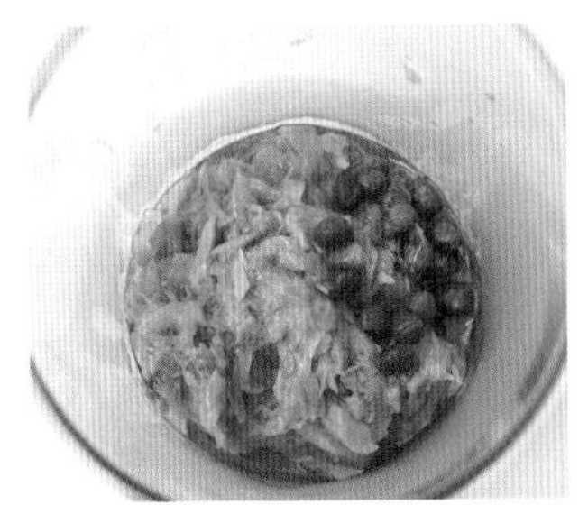

7 加入橄榄油、刺山柑和柠檬汁。

8 将7用搅拌棒打碎，做成沙司。

要点

如果沙司不够浓稠，可加入1~2大匙蛋黄酱。

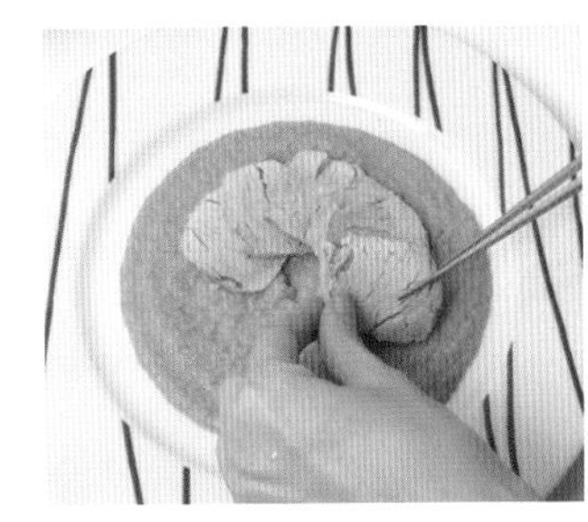

9 将沙司抹在盘中，将5切成薄片铺在上面。撒上意大利芹末，配上苦苣。

啊！失败了！

肉要冷却以后再切

切肉的时候，关键是要把肉冷却以后再切，这样才能切得完整。如果趁热切，肉就会像图片中那样碎掉。

烹调时间 30分

# 乳酪番茄沙司猪排

## Scaloppine alla pizzaiola

以番茄、大蒜、乳酪为基本，采用比萨中经常使用的食材制作而成的菜品就是"pizzaiola"。这道乳酪番茄沙司猪排是意大利妈妈菜的固定菜品，作为家常意大利风，也常被当作晚餐的一道主菜。

**原料** [2人份]

猪里脊肉（薄片，用于做生姜烧的）4片（每片40~60g）
盐、胡椒…………………… 适量
面粉………………………… 适量
橄榄油…………… 1+1/2大匙
大蒜………………………… 1/2瓣
番茄………………………… 1个
牛至………………………… 少量
白葡萄酒………………… 50mL
马苏里拉奶酪…4片（100g）
罗勒………………………… 4片

意大利全国

学习正宗的意大利做法!

### 如果将生吃的番茄用于烹调的话

在意大利，用于制作番茄沙司或炖菜的番茄，是那种个头较小细长的品种。如果使用国内超市里销售的那种生吃的番茄的话，要将种子周围的果冻状的东西一起烹调，这样味道会更甜美。

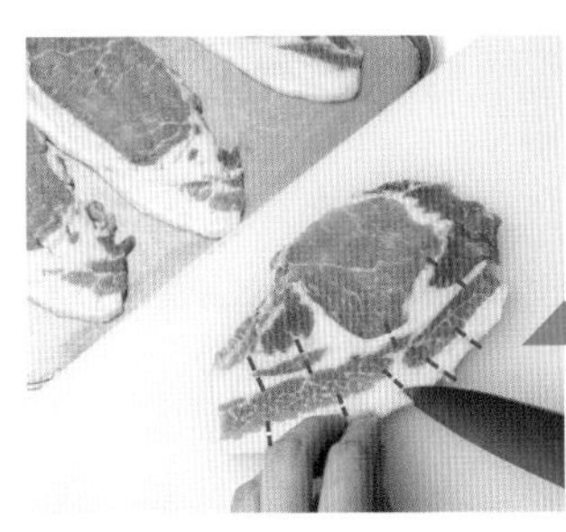

**1** 用刀在猪瘦肉和肥肉连接的地方划几刀，将肉筋切断。

**要点**

不把肉筋切断的话，不仅肉筋不容易咀嚼，而且在烤制时肉筋收缩，肉片就会变得卷曲难看了。

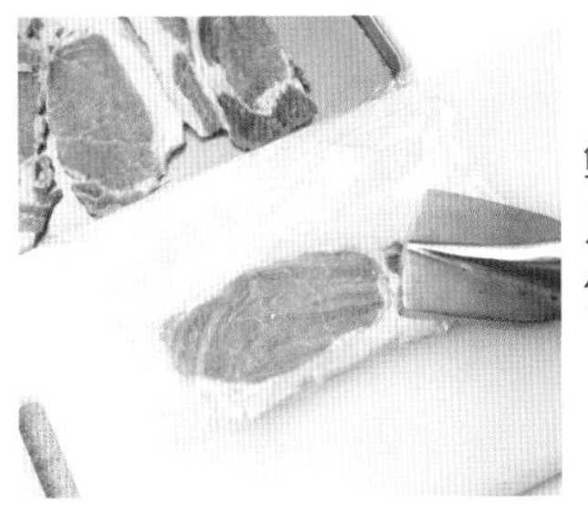

**2** 若肉质较厚，可用保鲜膜将其包住，用肉铲轻轻敲打使其变薄。

**3** 两面都要撒上盐和胡椒，再用滤茶网在两面都撒上面粉。

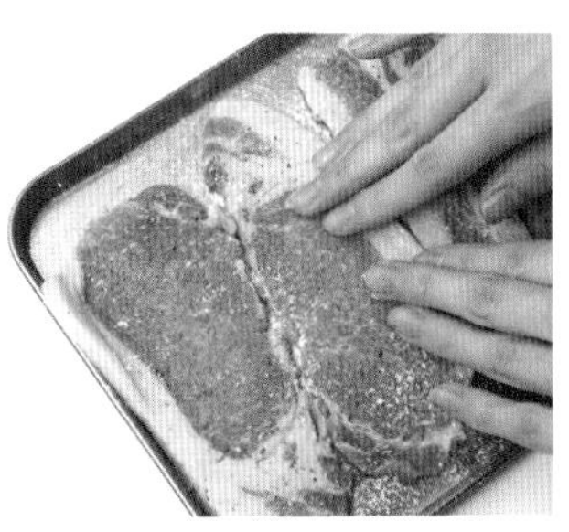

**4** 用手指尖轻轻按压肉的表面，使面粉沾到肉上。

**5** 煎锅内放入橄榄油，文火加热。

**6** 放入4，大火煎烤。

**7** 待一面煎至上色后，翻至另一面同样煎烤。

**要点**

稍后会炖煮，所以只要煎至表面上色即可。煎得过火的话肉质会变硬。

**8** 两面都煎至上色后，加入切成碎末的大蒜翻炒至出香味。

**9** 将热水去皮去籽后切成1cm见方的番茄、切碎的牛至、白葡萄酒放入锅中，中火炖5~6分钟。

**10** 肉炖熟后上面放上马苏里拉奶酪，待其表面熔化后盛入容器中。最后用罗勒装饰。

# 猪排炖扁豆

*Costolette con cannellini*

意大利中部托斯卡纳地区的人们，非常喜欢食用豆类，甚至自称为"食豆族"。将猪肉和扁豆用白葡萄酒炖出来的这道菜品，简单朴素，不会让人生腻，是使人产生放松感的一道乡土菜肴。正因为它是以托斯卡纳葡萄酒著称之地的乡土菜肴，所以非常适合搭配葡萄酒。

烹调时间 40分

原料 [2人份]

大蒜……………………… 1/2瓣
鼠尾草……………………2~3片
迷迭香…………………… 1/2枝
非熏制的咸猪肉（盐渍猪五花肉）……………………30g
橄榄油…………………… 2大匙
猪里脊肉………200g（2片）
盐、胡椒……………… 适量
面粉……………………… 1大匙
红葡萄酒………………… 50mL
干辣椒…………………… 1/2个
白扁豆（水煮）……… 150g
肉汤……………………… 50mL

[饰物]

鼠尾草…………………… 适量
迷迭香…………………… 适量

中部地方

**1** 大蒜、鼠尾草、迷迭香、咸猪肉切碎备用。

**2** 煎锅内放入橄榄油加热，放入1，小火翻炒。

**3** 猪肉切断肉筋（参照p145），两面撒上盐和胡椒。

**4** 用滤茶网两面撒上面粉。

**5** 在步骤2的煎锅中放入4，煎至双面上色。

稍后会炖煮，所以只要煎至表面上色即可。煎得过火的话肉质会变硬。

**6** 加入红葡萄酒，大火炖煮使酒精充分挥发。

要点

葡萄酒稍微沸腾，冒出蒸汽即可。

**7** 加入去籽后切碎的干辣椒（参照p22）。

**8** 加入盐调味。

**9** 沙司开始收汁时，加入白扁豆和温热的肉汤，再用小火炖煮10分钟左右。

**10** 将肉盛入容器内，把锅内剩余的扁豆和沙司浇在上面，最后用鼠尾草和迷迭香装饰。

烹调时间 **80**分

# 炖小牛胫

*Ossibuchi*

**原料** ［2人份］

小牛后腿肉（带骨）…… 2片
黄油……………………… 20g
盐、胡椒……………… 适量
白葡萄酒…………… 100mL
肉汤……………… 约200mL
鳀鱼……………………… 1片
柠檬皮……………… 少许
意大利芹……………… 3枝

［饰物］
水芹……………………… 适量
意大利芹……………… 适量

意大利语中，“osso”是骨头，“buco”指的孔洞，这道菜名字来源就是指从炖好的小牛腿骨肉中将骨髓取出，就出现孔洞的意思。其配菜米兰风味烩饭（参照p110），再加上融合了骨髓的沙司，边搅拌边食用才是正宗的米兰风，具有肉香浓郁的味道。

北部地方

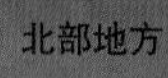

**1** 切断肉筋，将周围用风筝线缠绕捆绑，以免炖的过程中碎掉。

**2** 煎锅内放入黄油加热，放入1，肉上撒上盐和胡椒，煎至双面上色。

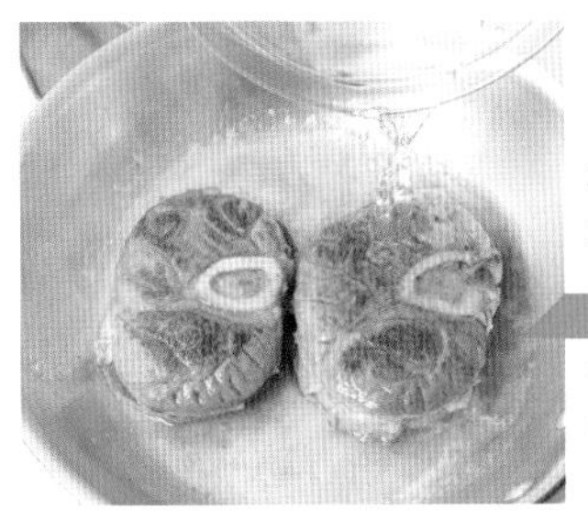

**3** 加入白葡萄酒，用大火炖煮使酒精挥发。

葡萄酒稍微沸腾，冒出蒸汽即可。

**4** 加入温热的肉汤，盖上盖子，小火炖1小时左右。

**5** 炖的过程中，如果汤汁蒸发掉的话，适量加入肉汤。

要点

制作米兰风味烩饭时，在该步骤中将骨髓挖出。

**6** 鳀鱼切末。柠檬皮擦成碎屑。意大利芹切末。

**7** 碗内放入6，用橡胶铲充分搅拌。

柠檬皮、意大利芹末等混合在一起，被称作“gremolata”的一种意大利调味料，药味再加上清爽的味道，经常用于制作肉盘。

**8** 肉炖好后加入7。

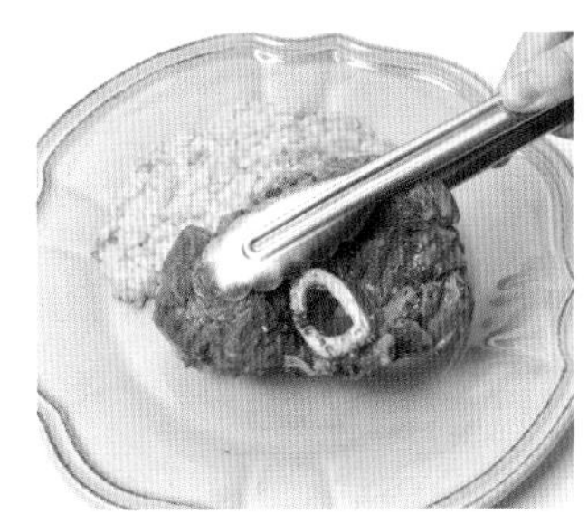

**9** 在盛入了米兰风味烩饭的容器中盛入8，再用水芹和意大利芹装饰。

**不要忘记切断肉筋！**

腿骨肉的周围有着粗大的肉筋，如果不切断就煎烤的话，食用时就会难以咀嚼，肉筋收缩，菜的品相也会变得难看。每块肉可以在5处切开切口。

烹调时间 150分

# 炖牛肉 Stracotto

**原料** [2人份]

牛肉（牛肩）………… 350g
橄榄油…………… 1+1/2大匙
洋葱……………………… 1/4个
胡萝卜…………………… 1/2根
西芹……………………… 1/2棵
大蒜……………………… 1/2瓣
红葡萄酒…………… 100mL
盐、胡椒………………… 适量
番茄……………………… 3/4个
意大利芹………………… 1/2枝

[饰物]
意大利芹………………… 适量
橄榄油…………………… 适量

正如菜名Stracotto（充分炖煮，充分烹调之意）所示，是将大块牛肉用红葡萄酒和番茄充分炖煮入味，是托斯卡纳地区有名的炖菜。番茄的酸味使得浓郁的沙司味道更佳突出，口味柔和，比外观看上去味道更清淡。

中部地方

**1** 牛肉用风筝线捆绑，以免炖的过程中碎掉。

**2** 锅内放入橄榄油加热，放入1，肉的周围都煎至上色后，将肉取出备用。

**3** 将洋葱、胡萝卜、西芹切成薄片放入锅中，再加入拍碎的大蒜。

**4** 再炒10分钟左右至蔬菜变软。

**5** 把肉重新放回锅内，加入红葡萄酒，用大火炖煮至酒精蒸发。

**要点**

葡萄酒稍微沸腾，冒出蒸汽即可。

**6** 加入盐和胡椒调味。

**7** 加入热水和剥皮后切成2cm见方的番茄（参照p20），盖上盖子，小火炖2小时左右。

**要点**

也有些从前的方法，用丁香、肉桂、洋葱汁、酸味较强的葡萄等来代替番茄。

**8** 关火之前加入切碎的意大利芹。

**要点**

之所以最后加入芹菜是因为芹菜加热过度会使香味跑掉。

**9** 取出牛肉，将剩下的沙司倒入搅拌器内打成糊状。

**10** 待肉稍微冷却后切成薄片放入盘中，浇上步骤9中的沙司，用意大利芹装饰并洒上少许橄榄油。

烹调时间 45分

# 甜椒炖鸡肉

Pollo ai peperoni

**原料** [2人份]

鸡肉（翅根）……………… 6个
盐、胡椒……………… 适量
橄榄油……………… 2大匙
大蒜……………… 1瓣
洋葱……………… 1/2个
甜椒（红、黄）…… 各1/2个
新鲜火腿……………… 50g
整番茄罐头……………… 200g
罗勒……………… 适量

中部地方

据说夏天蔬菜有使体温下降的效果，在罗马，盛夏是甜椒的旺季，人们喜欢用甜椒做出的菜品当作度过酷热夏天的常规菜品。浸满了番茄味道的鸡肉，酸酸的会勾起人们的食欲，非常适合夏天食用。

学习正宗的意大利做法！

**甜椒营养丰富！**

新鲜的颜色和咔嚓咔嚓的口感，使甜椒充满魅力。和青椒比起来维生素C的含量是其2倍以上，所含的能够在人体内转化为维生素A的β胡萝卜素的含量也是青椒的7倍以上，是一种健康蔬菜。没有苦涩的味道，也非常适合不喜欢吃青椒的小孩子吃。

**1** 在鸡肉表面撒上盐和胡椒。

**2** 锅内放入橄榄油和切成薄片的大蒜，文火加热，煸出香味。

**3** 在步骤2的锅中放入1，并不断翻动，使鸡肉表面都煎至金黄色。

**4** 待煎出颜色后，将鸡肉从锅中取出备用。

要点

暂且将鸡肉从锅内取出，可以防止过度加热鸡肉变硬。

**5** 将切成细丝的洋葱放入锅内翻炒直至变软。

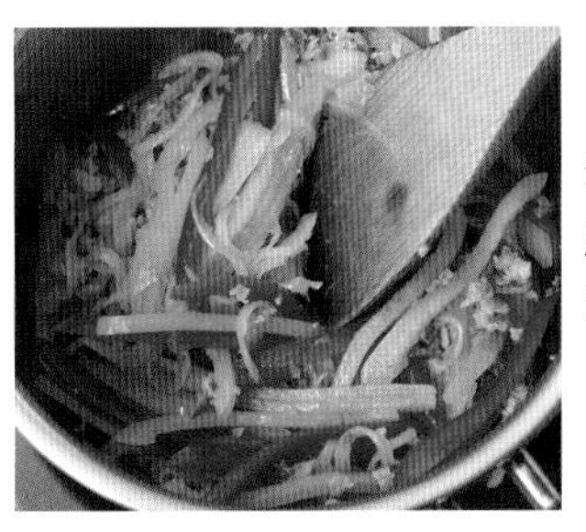

**6** 加入切成细丝的甜椒和切成小块的火腿，翻炒至甜椒变软。

**7** 盖上盖子，小火焖5~6分钟。

要点

因甜椒中的水分会被炒出，所以无须另外加水。中途可以轻轻翻动几次，以免粘锅。

**8** 将步骤4中的鸡肉放回锅内。

**9** 加入过滤好的番茄罐头（参照p20），小火炖10~15分钟。用盐和胡椒调味，盛入容器中，最后用罗勒装饰。

### 要区分使用整番茄罐头和原味番茄酱

罐装或瓶装的番茄有“整番茄罐头（whole tomato）”“原味番茄酱（tomato puree）”和“浓缩番茄酱（tomato paste）”3种，原味番茄酱是将捣碎的番茄熬干汤汁凝缩其美味而成的；浓缩番茄酱是将原味番茄酱进一步煮干浓缩而成。要想充分彰显番茄的浓郁味道时可以使用原味或浓缩番茄酱，若需要清爽的酸味或多汁的感觉的话，可以将整番茄罐头过滤后使用。

烹调时间 50分

（制作番茄沙司的时间除外）

# 博洛尼亚风味鸡排

*Cotolette di pollo alla bolognese*

与直接将煎得恰到好处的金黄色的肉类直接上桌的米兰风格不同，博洛尼亚风味鸡排的特点是还要加上新鲜火腿和乳酪，最后再轻轻焖一下。这才是代表了意大利的饮食之都——博洛尼亚特有的厚重浓郁的味道。

**原料** ［2人份］

鸡胸肉（去皮）………… 1片
盐、胡椒……………… 适量
面包屑（参照p22）… 适量
鸡蛋……………………… 2个
帕尔玛干酪（擦碎）… 2大匙
橄榄油…………………… 5大匙
豪达奶酪………………… 4片
新鲜火腿………………… 2片
马尔萨拉酒……………… 4大匙
黄油……………………… 20g
番茄沙司（参照p18）… 50mL
意大利芹……………… 适量

［配菜］
马铃薯………………… 适量
花椰菜………………… 适量
小番茄………………… 适量

★一次煎好2片鸡排的话，需要橄榄油3大匙和马尔萨拉酒2大匙。

学习正宗的意大利做法！

### 新鲜火腿也要用意大利原产的

位于博洛尼亚的艾米利亚・罗马涅地区，被称作“美食之都”，作为世界屈指可数的三大名火腿之一帕尔玛火腿（Prosciutto di Parma）的产地而闻名。经过1~2年的漫长时间干燥成熟的新鲜火腿，其特点是具有鲜艳的红色和醇和的味道。

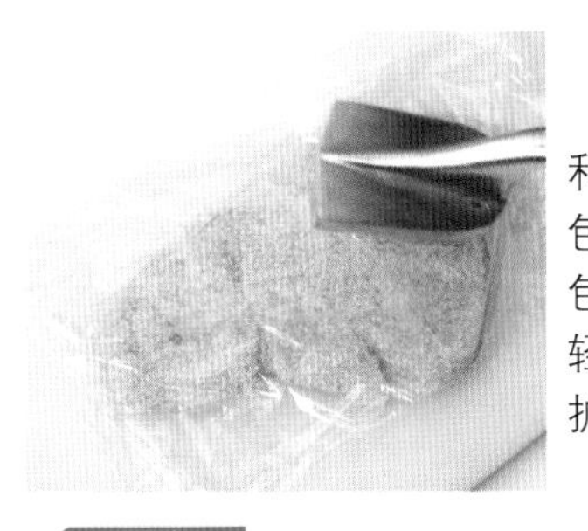

1 鸡肉两等分，撒上盐和胡椒，撒上面包屑，用保鲜膜包住，用肉铲轻轻敲打使其大小扩大1倍。

要点

通过敲打，弄断肉中的纤维和肉筋，使口感变得更柔软。

2 碗内打入鸡蛋，加入1大匙橄榄油和帕尔玛干酪，充分搅拌。

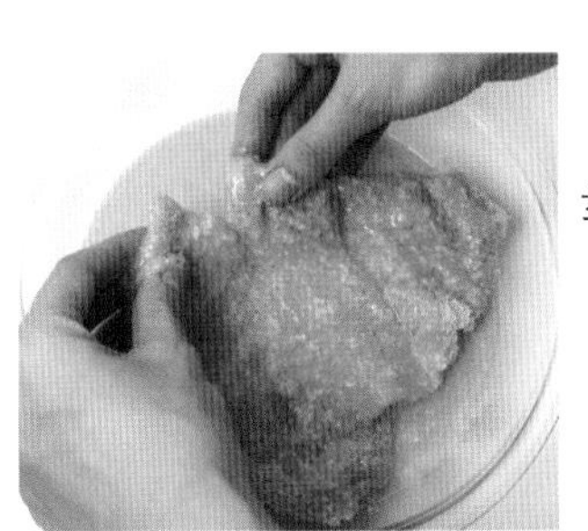

3 把步骤1中的鸡肉裹满步骤2的鸡蛋。

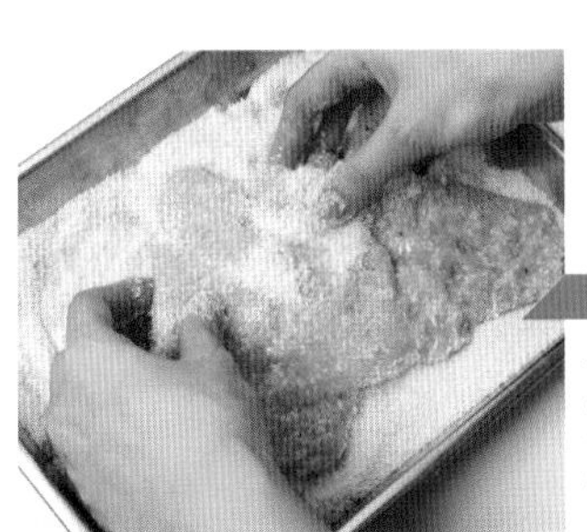

4 将步骤3中的鸡肉再次蘸上面包屑。

要点

再次蘸上面包屑，煎炸的时候就会在表面形成一层酥脆的外皮。

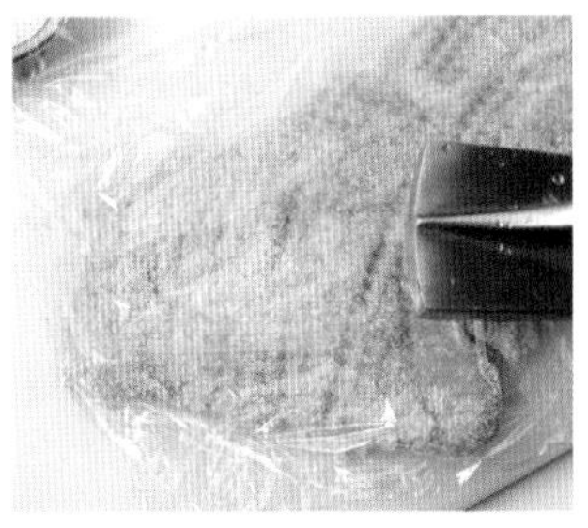

5 将4用保鲜膜包住，用肉铲轻轻拍打。

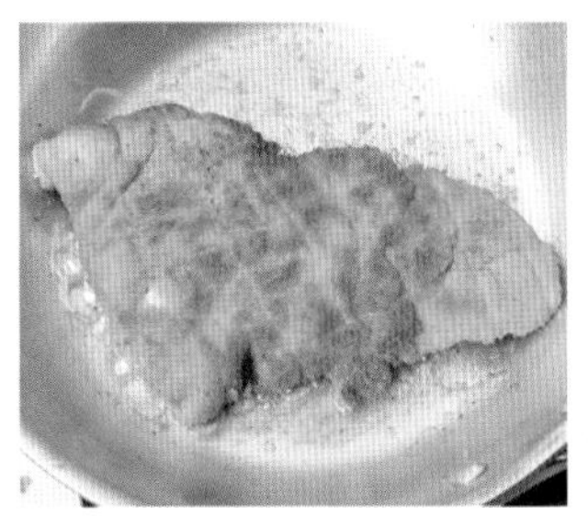

6 煎锅内放入2大匙橄榄油，加热，用菜刀在步骤5的鸡肉表面印上格子状的痕迹，将其放入锅内煎炸。

7 两面都煎好后转成小火，在鸡肉上面放上2片豪达奶酪和1片新鲜火腿，浇上2大匙马尔萨拉酒后盖上锅盖。待乳酪熔化后将鸡肉取出，盛入容器中。

8 将步骤3~7反复一次，煎好另一片鸡肉。用锅内剩余的煎汁将黄油熔化，制成沙司，浇在容器内的鸡肉上。

9 再把加热后的番茄沙司浇在鸡肉上，最后撒上切好的意大利芹末。将焯好的花椰菜、炸好的马铃薯和轻轻烤过的小番茄作为配菜放入盘中。

啊！失败了！

明明敲打过了，肉还是很硬！

蘸上面包屑的鸡肉在放入煎锅内煎炸之前，要先用菜刀背在两面印出格子状的痕迹来。如果省略掉这一道工序，好不容易弄好的鸡肉就会变硬会收缩，因此一定要注意！

烹调时间 40分

（腌制鸡肉的时间除外）

# 魔鬼烤鸡

## Pollo alla diavola

Diavola在意大[illegible]完整漂亮，在[illegible]菜起了这样一个[illegible]张开了他的[illegible]拷打。在意大利，这道菜非常流行，甚至[illegible]有出售。

意大利全国

原料 [2人份]

鸡腿肉（带骨）………… 2片
大蒜…………………………… 1瓣
迷迭香………………………… 2枝
橄榄油……………………… 50mL
盐、胡椒…………………… 适量
白葡萄酒…………………… 50mL
柠檬汁……1/2个量（25mL）

[配菜]

黑橄榄……………………… 适量
迷迭香……………………… 适量
绿皮密生西葫芦……… 适量
甜椒（红、黄）……… 适量

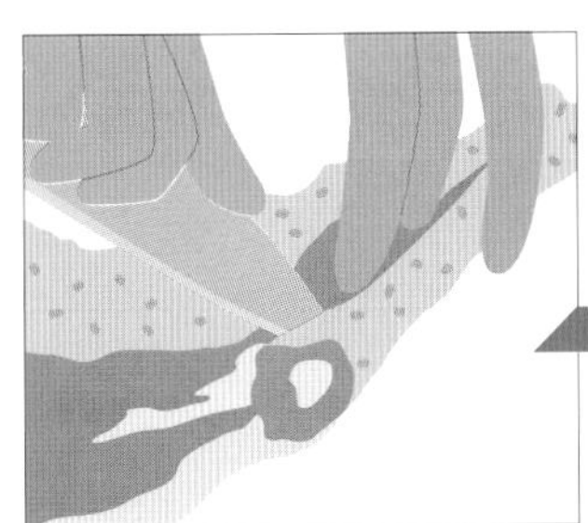

**1** 鸡肉沿着骨头切开一条缝隙，并稍微展开。

要点

用菜刀沿骨头切开，不仅可以让鸡腿内部容易烤熟，也方便在食用的时候将肉从骨头上剥离。

**2** 将1用保鲜膜包住，用肉铲轻轻敲打。

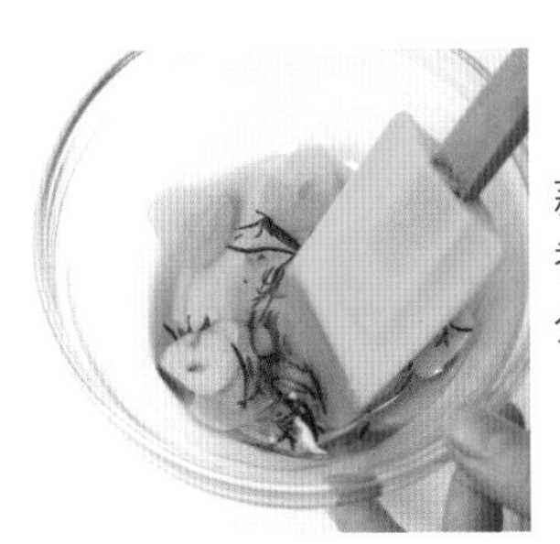

**3** 碗内放入切成片状的大蒜、切碎的迷迭香和橄榄油，充分搅拌。

**4** 将2放入深一点的方盘中，倒入3腌制2~3小时。

要点

为了让鸡肉两面都能浸泡入味，中途需要将鸡肉翻转一次。

**5** 将鸡肉取出，表面撒上盐和胡椒。

**6** 将皮朝下放入煎锅中。

要点

如图那样使用烤盘的话，鸡腿表面就会烤出漂亮的痕迹，多余的油分也能掉入缝隙中，让表皮变得更完整漂亮。

**7** 鸡肉上方放上盛满水的锅具（镇石），让煎烤的颜色更清晰。单面烤好以后，将鸡肉翻转至另一侧，同样的方法煎烤。

**8** 将烤好的鸡腿放入容器中。

**9** 在煎锅内剩余的烤汁中加入白葡萄酒和柠檬汁，煮干至一半分量。

**10** 用盐和胡椒调味，浇在8上。将黑橄榄、迷迭香、切成适当大小并炒好的西葫芦和甜椒作为配菜放入盘中。

烹调时间 **40**分

# 猎人风香煎羊小排

Agnello alla cacciatora

这道菜品会让人联想到奔跑于山野间的猎人，将捕到的猎物当场切开炖成菜肴，因此被称作猎人风（cacciatora）。在意大利除了使用羔羊以外，还将野兔、鹿等作为原料。菜肴味道朴素，能让人充分品尝到肉本身的味道。

**原料** [2人份]

- 橄榄油…………………… 2大匙
- 大蒜…………………… 1/2瓣
- 洋葱…………………… 1/2个
- 羔羊肉排…………………… 6块
- 盐、胡椒…………………… 适量
- 迷迭香…………………… 1/2枝
- 红葡萄酒醋…………………… 25mL
- 白葡萄酒…………… 100mL
- 肉汤…………………… 100mL
- 牛肉肉汤…………………… 50g
- 番茄…………………… 1/2个
- 白扁豆（水煮）……… 100g
- 黑橄榄…………………… 6个
- 意大利芹…………………… 适量

意大利全国

学习正宗的意大利做法!

### 迷迭香的冷冻保存

迷迭香在意大利菜中是消除肉类和鱼类腥味的必不可少的一种香草。也有干燥的香草，但使用新鲜的会让香味更加浓郁。如果有剩余的，可以洗净后沥干水分，只把叶部放入密闭容器内冷冻保存。

**1** 锅内放入1大匙橄榄油和蒜末，文火加热，煸出香味。

**2** 将切成细丝的洋葱放入锅内，炒至变软。

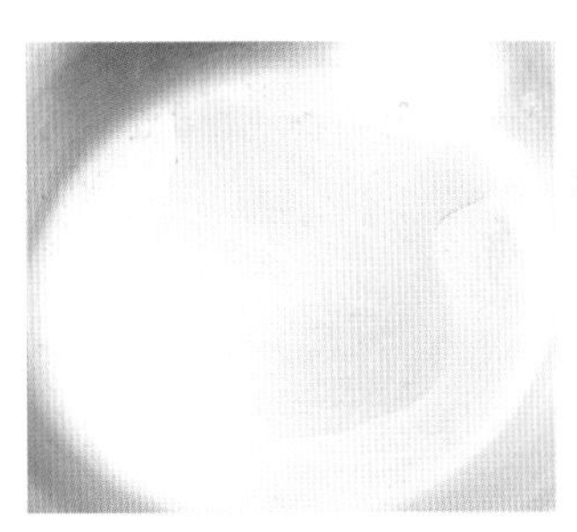

**3** 在另一口煎锅内放入橄榄油，加热。

**4** 放入两面撒满盐和胡椒的羊小排，煎至双面上色为止。

要点

稍后会炖煮，所以只要煎至表面上色即可。煎得过火的话肉质会变硬。

**5** 加入迷迭香、红葡萄酒醋和白葡萄酒，用大火炖至酒精蒸发掉。

要点

葡萄酒稍微沸腾，冒出蒸汽即可。

**6** 在步骤2的锅中加入5，搅拌均匀。

**7** 加入肉汤和牛肉高汤，炖20分钟左右。

要点

若有汤沫浮起需要撇去浮沫儿。

**8** 加入热水剥皮去种后剁成大块的番茄（参照p20）、白扁豆和黑橄榄，再炖10分钟左右。

**9** 用盐和胡椒调味。

**10** 盛入盘中，撒上意大利芹末。

主菜

看上去更好吃

# 摆盘的窍门

主菜的摆盘，在要求美观的同时，展示出和主菜相符的分量感也是很重要的。关键是要使用大一点的盘子，在盘子周围留白的同时还要体现出“高度”。

以长面条为例

## 酿花枝

➡ p132

鱿鱼摆放成花形会显示出活跃欢快的气氛。

如果感觉色彩搭配有所欠缺的话，也可以撒上些意大利芹末。

将鱿鱼耳立起放于盘中央，这样就有了高度，能够体现出主菜该有的分量感。

要将番茄沙司浇在四周，以免掩盖住鱿鱼段。

## 金枪鱼沙司配猪里脊肉

➡ p142

切成薄片的猪肉，要重叠平铺于容器之上并摆成圆形，这样才能呈现出立体感。

用勺子将沙司在盘上涂抹开，能够增加分量感！

将苦苣根部拢在一起插入猪肉中间加以装饰，会提升色彩和华丽程度！

使用意大利芹末，可以给显得单调的肉和沙司添加一些色彩搭配。

第六部分

## 衬托主菜的肉盘和海鲜盘

# 配菜

这里介绍20道用来搭配主菜肉盘和海鲜盘的料理。其中使用蔬菜制作的菜品有8道，用薯类制作的有4道，用豆类制作的有4道，用菌类制作的有4道。有的是小餐馆的人气菜品，有的是家庭常见菜肴，都是在意大利颇受欢迎的菜品。可以和面包搭配当作早餐，也可作为下酒菜，是有着各种用法的方便菜肴。

Contorni

## 炒甜椒

将多种夏季蔬菜放到一起炒炖而成的是西西里烩茄子（p50）。以甜椒为主料做成的菜品就是炒甜椒了。

烹调时间 35分　2人份

**原料**［2人份］

- A 橄榄油……………2大匙
- A 洋葱（切丝）…… 1/2个
- 大蒜（压碎）……… 1/2瓣
- 番茄（热水去皮切成1cm见方）…………1+1/2个
- 甜椒（红、黄）（切丝）……………………各1个
- 盐、胡椒………… 各适量
- 罗勒……………… 2~3片

1. 锅内放入A，炒至洋葱变软。
2. 加入大蒜、番茄、甜椒，轻轻翻炒后用盐和胡椒调味。盖盖大约5分钟，开盖炖大约20分钟。
3. 盛入容器中，用罗勒装饰。

★加入砂糖、葡萄酒醋、黑葡萄醋等也很好吃！

---

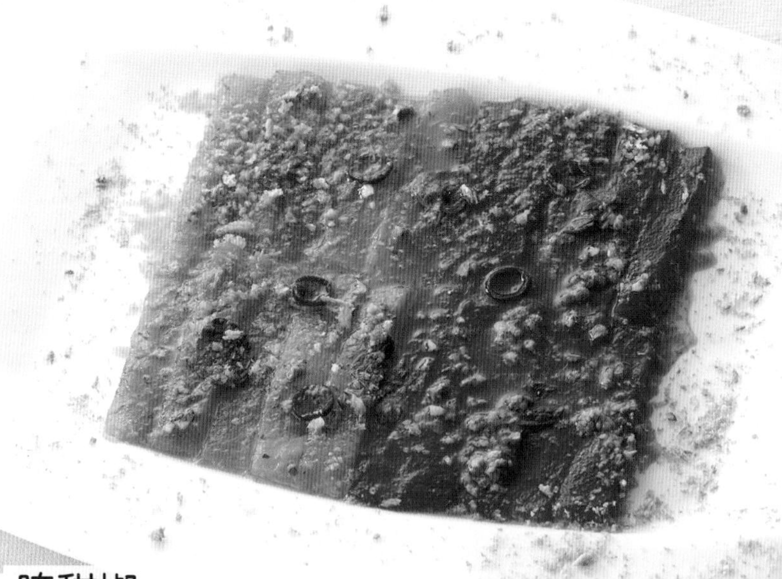


## 腌甜椒

和炒甜椒一样，甜椒是主料。不用炖，用腌制的汤汁泡上就可以了。

烹调时间 30分　2人份

**原料**［2人份］

- 甜椒（红、黄）… 各1/2个
- A 刺山柑（切末）……5粒
- A 鳀鱼（切末）………1片
- A 意大利芹（切末） 1/2枝
- A 大蒜（切末）…… 1/2瓣
- A 干辣椒（横切成圈）……………………… 1/4个
- A 白葡萄酒醋………1大匙
- A 橄榄油……………1大匙
- A 薄荷……………… 10片
- 面包屑（参照p22） 1大匙

1. 甜椒烤至变黑，放入塑料袋内闷一会，剥皮（参照p21）。切成长方块。
2. 碗内放入A，混合均匀，将1在其中浸泡30分钟左右。
3. 盛入容器中，将炒成黄褐色的面包屑撒在上面。

# 炸时蔬

Fritto在意大利语中是“油炸食品”的意思。酥脆的口感，绝对让你停不下筷子！

烹调时间 20分

**原料** [2人份]

A
- 面粉…………………100g
- 水…………………150mL
- 盐…………………1小撮

B
- 绿皮密生西葫芦（切成长条状）………1/2根
- 胡萝卜（切成圆形）…………………1/4根
- 番茄（切成半圆状）…………………1/2个
- 圆茄子（切成圆形）…………………1/2根

盐…………………适量

橄榄油（油炸食物用）…………………适量

1 碗内放入A，混合均匀，和成浆。

2 将B放入1中裹上浆，用170℃的油炸至酥脆。撒上盐，盛入容器中。

# 法国菊苣拌戈尔贡佐拉奶酪沙拉

法国菊苣特有的些许苦味，在蓝乳酪的浓稠沙司中变身为回味无穷的味道。

烹调时间 15分

2人份

**原料** [2人份]

A
- 橄榄油…………2大匙
- 大蒜（切片）………1瓣

甜椒（红）…………1/2个

法国菊苣（比利时菊苣）…………………1个

芦笋…………………2根

戈尔贡佐拉奶酪……50g

鲜奶油………………50mL

B
- 黑胡椒碎…………适量
- 盐…………………适量

核桃………………5~6粒

1 煎锅内放入A，文火加热，煸出香味。

2 将切成细丝的甜椒、8等份的法国菊苣、斜切成片的芦笋加入锅中翻炒。

3 加入切成小块的戈尔贡佐拉奶酪和鲜奶油，充分搅拌，用B调味。盛入容器中，撒上切成小块的核桃。

**原料** [2人份]

小萝卜…………………4个
小番茄（红、黄）…各3个
紫菊苣（菊苣）…… 1/2个
洋蘑菇…………………4个
甜椒（红、黄）… 各1/4个
岩盐……………… 1/4小匙
橄榄油………………2大匙
黑葡萄醋……………1大匙

1 将小萝卜和小番茄（4个）整个放入，其他蔬菜切成方便食用的大小盛入容器中。

2 依次放入岩盐、橄榄油，根据个人喜好浇上黑葡萄醋。

## 意式蔬菜沙拉

这是托斯卡纳常见的新鲜蔬菜沙拉。能够让人品尝到微浓郁味道的才是意大利风格。

烹调时间 10分　2人份

---

**原料** [2人份]

马铃薯（切圆）…… 1/2个
洋葱（切成梳子状）1/4个
紫菊苣（菊苣）（切成梳子状）…………… 1/2个
绿皮密生西葫芦（切块）
…………………… 1/2个
胡萝卜（切块）…… 1/2根
甜椒（红、黄）（切块）
………………… 各1/2个
橄榄油………………3大匙
粗盐……………… 1/4小匙

1 在烤盘上涂上一层橄榄油，把蔬菜烤成焦黄色。

2 盛入容器中放入粗盐和橄榄油。

## 意式烤时蔬

烤时蔬最好吃的就是焦痕了。没有烤盘的话，也可以使用烤鱼用的金属网。

烹调时间 20分　2人份

## 粉蒸时蔬

蔬菜蒸好后撒上帕尔玛干酪即可。温柔的味道会让人彻底放松下来。

烹调时间 20分 2人份

**原料** ［2人份］

胡萝卜（切成圆形）……………………………1/3根

马铃薯（切成圆形）……………………………1/2个

A
- 绿皮密生西葫芦（切成圆形）…………1/3根
- 花椰菜（掰成小块）…………………………1/4棵
- 菜花（掰成小块） 1/4棵

帕尔玛干酪（擦碎）……………………………2大匙

1 在蒸锅内把水烧开，放入胡萝卜和马铃薯，蒸10~15分钟。变软后加入A，再蒸2分钟。

2 盛入容器中，撒上帕尔玛干酪。

## 意式烤茄子

油炸过的茄子和马苏里拉奶酪是无与伦比的组合。

烹调时间 30分 2人份

**原料** ［2人份］

圆茄子（切成圆形）……………………………1/2根

橄榄油………………2大匙

盐、胡椒………… 各适量

马苏里拉奶酪（切成圆形）………………100g

番茄（热水去皮切成1cm见方）……………1/2个

佩科里诺干酪（擦碎）…………………………1大匙

牛至……………………1枝

1 茄子去除涩汁（参照p21）后，用油炸一下。

2 将1放入耐热盘中，撒上盐和胡椒。依次摆上马苏里拉奶酪、番茄、佩科里诺干酪、牛至，放入预热为200℃的烤炉内烘烤10~15分钟，直至乳酪融合。

原料 ［2人份］

马铃薯（切薄片）……… 1个
橄榄油（油炸食物用）…适量
盐……………………………少许

A
- 橄榄油………………… 1大匙
- 大蒜（切末）……… 1/2瓣
- 干辣椒（横切成圈）……………………………… 1/2个
- 非熏制的咸猪肉……… 20g
- 鳀鱼………………… 1/2大匙

整番茄罐头（过滤）…… 50g

B
- 盐、胡椒………………适量
- 龙蒿…………………… 1小撮
- 意大利芹（干燥）… 1/2大匙

马斯卡普尼奶酪………… 10g

**1** 将马铃薯用水漂2~3次。沥干水分后，用加热至180℃的橄榄油炸成金黄色，撒上盐。

**2** 煎锅内放入A文火加热，煸出香味后加入番茄罐头炖7~8分钟。加入B调味。

**3** 容器内放入1和2，配上马斯卡普尼奶酪。

## 薯片配鳀鱼酱

享用简单的薯片蘸上香味浓郁的鳀鱼酱的滋味。

烹调时间 30分 2人份

原料 ［2人份］

马铃薯…………2个（300g）

A
- 橄榄油………………… 2大匙
- 大蒜（切末）……… 1/2瓣

洋葱（切末）………… 1/2个
泡菜（切成1.5cm见方）………………………………… 60g
香肠（切成1.5cm大小）………………………………… 100g
番茄（切块）………… 1/2个
里科塔奶酪…………… 100g

B
- 牛至…………………… 1枝
- 盐、胡椒…… 1/4~1/3小匙

**1** 将马铃薯用水煮20~25分钟，切成8等份。

**2** 煎锅内放入A，文火加热，煸出香味后加入洋葱，炒至变软。

**3** 在2中加入1、泡菜、香肠翻炒，炒至上色后加入番茄、里科塔奶酪搅拌均匀，用B调味。

## 乳酪煎马铃薯和香肠

马铃薯和香肠是经典搭配。泡菜和里科塔奶酪则是决定味道的关键。

烹调时间 40分 2人份

# 鼠尾草迷迭香风味炸薯条

搭配肉类必不可少的炸薯条，小火慢炸，使香草的味道沾满薯条。

烹调时间 25分 2人份

**原料** [2人份]

A
- 橄榄油（油炸食物用）……………………50mL
- 迷迭香…………… 1/2枝
- 鼠尾草………… 4~5片

马铃薯（切成梳子状）…………… 2个（300g）

B
- 鼠尾草（切末） 4~5片
- 盐……………… 1/4小匙

C
- 迷迭香（切末）… 1/2枝
- 盐……………… 1/4小匙

1 煎锅内放入A文火加热，煸出香味。

2 放入马铃薯小火炸15~20分钟，把油沥干。

3 大碗内放入B搅拌均匀。

4 另一个大碗内放入C搅拌均匀。

5 将步骤2的马铃薯一半放入3中，一半放入4中，蘸满配料后盛入容器中。

# 奶油乳酪炖马铃薯

能品尝到非熏制咸猪肉和新鲜火腿鲜美味道的最有分量的配菜。

烹调时间 35分 2人份

**原料** [2人份]

A
- 橄榄油…………… 2大匙
- 洋葱（切末）………1/2个
- 非熏制咸猪肉（切丁） 40g
- 洋蘑菇………………… 100g

橄榄油……………… 2大匙

面粉………………1/2大匙

马铃薯（切成圆形）3个（450g）

B
- 肉汤……………… 150mL
- 鲜奶油…………… 100mL

新鲜火腿（切成1cm宽）… 20g

盐、胡椒…………… 各适量

C
- 马苏里拉奶酪（切成圆形）50g
- 帕尔玛干酪（擦碎） 2小匙

罗勒………………… 5~6片

1 煎锅内放入A，炒至洋葱变软，暂且取出。

2 放入橄榄油加热，让入裹满面粉的马铃薯煎至上色。再把步骤1中的洋葱放入锅内，加入B搅拌。

3 撒入新鲜火腿，盖盖小火炖10分钟。撒盐和胡椒，铺上C，盖盖炖5~6分钟至乳酪熔化后撒罗勒。

原料 ［2人份］

A | 橄榄油……………1大匙
洋葱（切末）…… 1/4个
甜椒（红、黄）（切末）
…………………… 各1/4个
培根（长方块）………2片
香肠……………………6根
红扁豆（水煮）…… 200g
整番茄罐头（过滤）… 200g
桂皮……………………1片
盐、胡椒………… 各适量

**1** 锅内放入A翻炒，待洋葱变软后加入甜椒搅拌均匀。

**2** 1中加入培根和香肠翻炒，培根炒出油后加入扁豆搅拌均匀。再加入番茄罐头和桂皮，盖上盖子炖10分钟左右，用盐和胡椒调味。

*Fagioli rossi al pomodoro*

## 红扁豆香肠配番茄汁

意大利菜肴的特征之一就是豆类菜品较多。当然也有很多是作为配菜登场的。

烹调时间 20分　2人份

---

原料 ［2人份］

青葱（切丝）…………3个
白扁豆（水煮）…… 200g
金枪鱼（罐头）……　80g
盐、胡椒………… 各适量
橄榄油………… 1~2大匙
意大利芹（切末）… 少许
刺山柑……………… 适量

**1** 青葱过水，沥干水分。

**2** 大碗内放入白扁豆、沥干油分的金枪鱼罐头和1，搅拌均匀，用盐、胡椒、橄榄油调味。

**3** 盛入容器中，用意大利芹装饰，再撒上刺山柑。

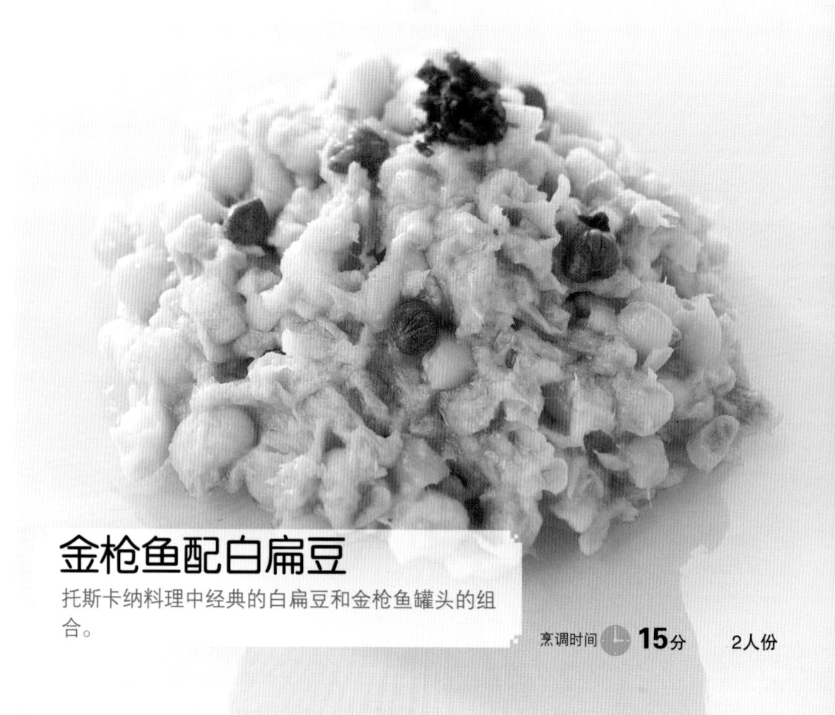

*Tonno coi fagioli*

## 金枪鱼配白扁豆

托斯卡纳料理中经典的白扁豆和金枪鱼罐头的组合。

烹调时间 15分　2人份

# 鹰嘴豆炒菠菜

使豆子里浸满了鼠尾草风味的肉汤以后，再跟菠菜合炒。

烹调时间 20分　2人份

**原料**［2人份］

A
- 鹰嘴豆（水煮）…200g
- 肉汤……150mL
- 鼠尾草……2~3片

菠菜……150g

B
- 橄榄油……2大匙
- 大蒜（压碎）……1瓣

盐、胡椒……各适量

1 锅内放入A炖10分钟左右，打开盖子，边搅拌边煮干。

2 菠菜快速焯一下过凉水，沥干水分，切成5~6cm长的小段。

3 煎锅内放入B文火加热，待煸出香味后，加入2用盐和胡椒调味。加入1搅拌均匀，盛入容器中。

# 花蛤炖豆

在这道菜里，鹰嘴豆和白扁豆都渗入了花蛤的甜美味道。

烹调时间 20分（花蛤吐净泥沙的时间除外）　2人份

**原料**［2人份］

花蛤……200g

白葡萄酒……50mL

A
- 橄榄油……1大匙
- 洋葱（切末）……1/4个

鹰嘴豆（水煮）……100g

白扁豆（水煮）……100g

水……100mL

盐、胡椒……各适量

1 花蛤吐净泥沙清洗干净，沥干水分（参照p22）。

2 煎锅内放入1，加入加温后的白葡萄酒，盖上盖子大火加热，待花蛤开口后滤掉汤汁。

3 锅内放入A加热，炒至洋葱变软。加入鹰嘴豆和白扁豆轻轻翻炒，再加入2中过滤后的汤汁和水，用小火炖10分钟左右。加入花蛤，轻轻搅拌，用盐和胡椒调味。

原料 [2人份]

A
- 橄榄油……………2大匙
- 大蒜（切片）…… 1/2瓣

B
- 鳀鱼……………………2片
- 迷迭香…………… 1/4枝
- 黑橄榄………… 2~3个
- 刺山柑……………1大匙

虾仁…………………… 10只
绿皮密生西葫芦（切成圆形）………………… 1/2根
洋蘑菇（对半切开）…… ……………………… 10个
盐、胡椒…………适量

1 煎锅内放入A文火加热，煸出香味后加入B搅拌均匀。

2 加入虾仁翻炒，待整体变色以后加入西葫芦和洋蘑菇边搅拌边翻炒。用盐和胡椒调味。

## 洋蘑菇炒虾仁

将虾仁、鳀鱼和洋蘑菇一起用橄榄油翻炒，就是这种经典的味道！

烹调时间 20分 2人份

---

原料 [2人份]

A
- 大蒜（切片）………1瓣
- 黄油……………… 10g

培根（切成长方块） 40g
干牛肝菌……………… 5g
水……………………50mL
洋蘑菇（对半切开） 10个
丛生口蘑（分成小块）… …………………… 100g
面粉…………………2小匙

B
- 干牛肝菌泡发汁…50mL
- 鲜奶油………… 100mL

盐、胡椒…………… 适量
意大利芹（切末）… 适量

1 煎锅内放入A文火加热，煸出香味后加入培根和泡发的牛肝菌、洋蘑菇和口蘑一起翻炒。

2 在1中放入面粉使之包裹住蘑菇，加入B搅拌，用盐和胡椒调味。盛入容器中撒上意大利芹末。

## 奶油洋蘑菇

放在烤得恰到好处的长条面包上或是意大利烤面包片上，都非常美味！

烹调时间 20分（泡发干牛肝菌的时间除外） 2人份

## 芝麻菜洋蘑菇沙拉

在意大利，经常食用生的蘑菇。好吃的窍门是要用调味汁来拌制。

烹调时间 15分 2人份

**原料** [2人份]

法式面包………………2片
芝麻菜（切段）… 3~4棵
新鲜火腿（切块）……1片
洋蘑菇（白、褐）（切薄片）……………各5个
莴笋（沙拉用菜）… 1/2盒
红扁豆（水煮）…… 50g
A 盐、胡椒……… 各适量
A 黑葡萄醋…………1大匙
A 橄榄油……………2大匙
帕尔玛干酪（擦碎）……
……………………1大匙

1 面包切块，做成酥脆的烤面包。

2 大碗内放入1、芝麻菜、新鲜火腿、洋蘑菇、莴笋和红扁豆搅拌均匀，加入A拌一下，盛入容器中，洒上黑葡萄醋。

## 炒洋蘑菇

做法简单，是意大利的家常菜。只有一种食材，也是意大利风格的体现。

烹调时间 15分 2人份

**原料** [2人份]

A 橄榄油……………2大匙
A 大蒜（切末）…… 1/2瓣
洋蘑菇（切成4瓣）……
…………………… 150g
盐、胡椒………… 各适量
柠檬汁…………… 1/4个量
白葡萄酒…………25mL
B 迷迭香（切末）…1小撮
B 罗勒（切末）… 1~2片
B 意大利芹（切末）1/2枝
花束生菜（bouquet lettuce）………… 适量

1 煎锅内放入A，文火加热，煸出香味后加入洋蘑菇使之沾满油。调成大火，加入盐、胡椒、柠檬汁，炒至变软后加入白葡萄酒和B翻炒。

2 容器底部铺上花束生菜，把炒好的菜盛在上面。

配菜

看上去更好吃

# 摆盘的窍门

和主菜一起被端上桌的蔬菜、蘑菇、豆类等配菜。其摆盘中最必需的，首先就是“配色”，能够使主菜看上去更好吃、更华丽的颜色搭配。

## 腌甜椒

➡ p162

不做出高度，只是通过平平地摆放来体现出新鲜的感觉。设想出这种摆盘而事先把甜椒切成了长方块。

这道菜使用了红黄两色彩椒来搭配，色彩漂亮，要是再加上薄荷的绿色来点缀，使之张弛有度，看上去就更加鲜艳了。

通过面包屑的点缀，显露出意大利家常餐馆那种随意的气氛。

## 粉蒸时蔬

➡ p165

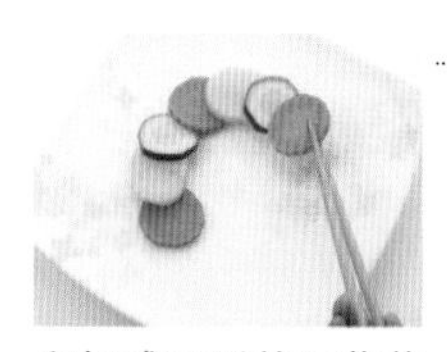

和切成圆形的西葫芦搭配，将马铃薯、胡萝卜也都切成了一致的圆形。橙色、白色、绿色交相辉映，给人配色讲究且华美的印象。

中间部分隆起摆放的绿色花椰菜和白色的菜花，也考虑到了色彩搭配的问题，是错开摆放的。

圆形的食材或圆形的料理，搭配上方形的盘子，立刻就有了变化感。

第七部分

## 从提拉米苏到果子露冰激凌，为你介绍9款人气甜点的制作方法！

# 甜品

意大利的甜点和菜肴一样富于变化。从蛋糕到烤制的点心，从水果点心到冰品，实在是种类繁多。这里我们来一起尝试做一下在意大利也特别受欢迎的9道甜品。在制作点心的过程中需要特别注意的就是一定要称好原料的分量，而且一开始就要都准备好。甜品和菜品不同，如果是靠目测大概的重量的话，很容易失败，这一点要特别注意。

Dolci

烹调时间  **40分**

（放成常温的时间和冰镇的时间除外）

北部地方

# 提拉米苏 Tiramisù

提拉米苏是意大利的代表性甜点，据说其发源地是威内托地区。粘稠状的马斯卡普尼奶酪的味道和咖啡的芳香是其关键所在。名字的由来是意大利语的tirami sù一词，词源是“把我拉起来”“鼓励我”的意思，正如其名称所示，是那种吃了就会让人精神百倍的点心。

**原料** ［4~5人份］

- 鸡蛋…………………… 2个
- 砂糖…………………… 30g
- 马斯卡普尼奶酪…… 250g
- 盐…………………… 1小撮
- 浓咖啡………………… 100mL
- 意大利手指饼干（或手指饼干）………………… 1/2盒
- 可可粉（无糖）………… 适量

学习正宗的意大利做法！

### 加入利口酒就会变身为大人喜欢的甜点

这次介绍的是小孩子也能吃的不含酒精的制作方法。如果是喜欢酒的人，在步骤2的“在蛋黄中加入砂糖”这个环节，加入1大匙利口酒（没有的话可以放入白兰地）的话，就会变成大人喜欢的甜点了。

**1** 鸡蛋从中间敲开，将蛋清流入碗中，蛋黄和蛋清要分开。

**2** 大碗中放入步骤1的蛋黄，加入砂糖，用打蛋器搅拌，直至变成如图所示的接近白色的丝带状为止。

**3** 在另一个碗中放入马斯卡普尼奶酪，用橡胶铲将其打软。

要点

马斯卡普尼奶酪要事先从冰箱中拿出使其恢复常温。

**4** 将3加入2中，换成用打蛋器搅拌。

要点

因为容易成块，所以要少量逐渐加入。

**5** 在步骤1碗中的蛋清内加入盐，搅拌至起泡为止，制作蛋白酥皮。

**6** 将5分3次加入4中，每次都要用橡胶铲简单搅拌一下。

要点

加入蛋白酥皮时如果过度搅拌，其中的气泡就会破裂变得稀稀的，所以简单搅拌一下即可。

**7** 大碗内放入浓咖啡，将手指饼干逐根放入使之充分浸泡在咖啡中。

要点

咖啡要事先泡得稍微浓一点，然后放凉。

**8** 将7平铺在容器底部。

**9** 在8上面倒入步骤6中的马斯卡普尼奶油。

**10** 用抹刀将其表面抹平，周围也小心地弄平整，这样就会做得很漂亮。从上方撒上可可粉，在冰箱中保存1小时。

烹调时间 **70分**
（冰镇凝固的时间除外）

# 意式圆顶蛋糕

Zuccotto

意大利文艺复兴时期在托斯卡纳地区诞生的圆顶形的蛋糕。据说代表了神职人员戴的帽子或是教会的圆形屋顶。乍一看是非常简单的蛋糕，可是尝上一口，里面塞满了水果和坚果，会让你情不自禁地露出笑容。

**原料**［直径18cm的大碗一碗份］

［松软的蛋糕胚］

面粉…………………… 80g
发酵粉…………… 1/2小匙
鸡蛋…………………… 4个
砂糖…………………… 80g
黄油…………………… 20g

［奶油部分］

草莓………………… 150g
利口酒（朗姆酒）… 1大匙
杏仁…………………… 30g
腰果…………………… 30g
鲜奶油……………… 350mL
砂糖…………………… 60g
可可…………………… 50g
明胶粉………………… 10g
牛奶………………… 50mL

朗姆酒、水……… 各1大匙
糖粉（或砂糖）……… 适量

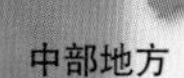

中部地方

学习正宗的意大利做法！

**奶油中的无穷变化**

中间的奶油部分，经常加入比较容易买到的草莓和坚果，也可以加入桃子、柿子等季节性的水果。但水分较多的柑橘或西瓜等因为不搭配所以最好别放。葡萄干等干果也比较适合搭配，也会让味道变得素雅。

**1** 面粉和发酵粉要事先筛过2次。碗里放入鸡蛋，加入砂糖用打蛋器搅拌直至变成丝带状。再把筛过的面粉和发酵粉放进去，简单搅拌一下。

**2** 在1中加入熔化的黄油。

**要点**

黄油放在容器内用热水烫化或是用微波炉的解冻模式加热10~20秒，熔化好的黄油放置备用。

**3** 在铁方盘中垫上屉布（35cm×26cm），将2倒入其中，放在预热为200℃的烤箱内烘烤大约12分钟。

**要点**

烤箱要事先预热到200℃。

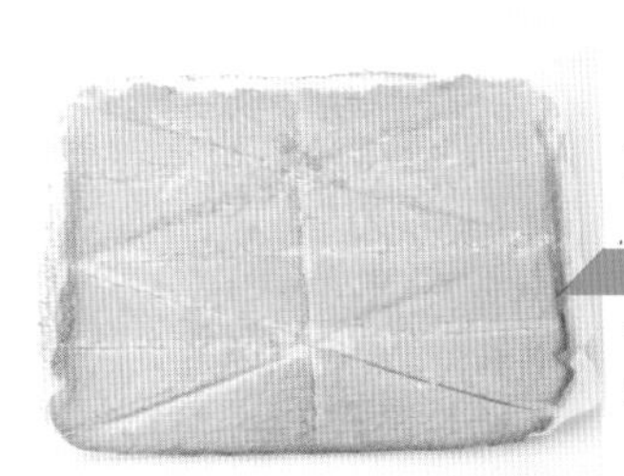

**4** 将烤好的蛋糕外皮用菜刀切开。

**要点**

切成三角形状比较容易铺满大碗。

**5** 将草莓切成1cm见方并加入砂糖。杏仁和腰果切碎备用。

**6** 在鲜奶油中加入砂糖，打出7成的泡沫后在其中加入可可粉搅拌均匀。

**7** 把明胶粉浸泡在水中，用温牛奶使之溶解，待完全溶解后和6放在一起搅拌均匀。

**要点**

明胶粉要事先放入1大匙水中浸泡。

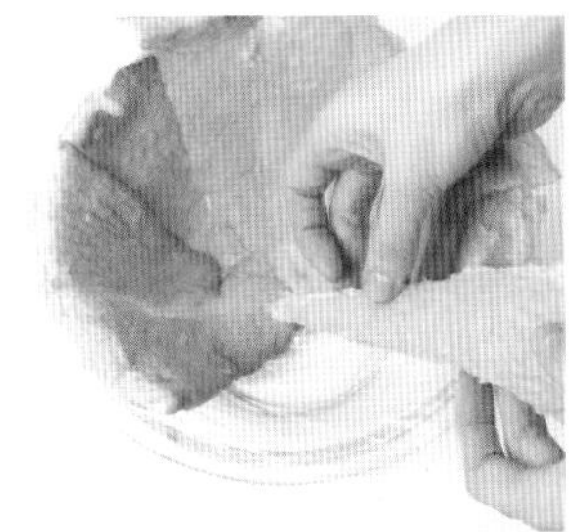

**8** 碗中铺上保鲜膜，再铺满切好的蛋糕外皮，高出来的部分要沿着碗边切掉。将等量水稀释后的朗姆酒用刷子涂在内侧。

**9** 把步骤7中的奶油用橡胶铲填入8中。

**10** 剩余的蛋糕外皮盖在上面当作盖子。用保鲜膜包严实放入冰箱内冷却凝固。去掉保鲜膜，将盘子倒扣在碗上面，整个翻转过来将蛋糕取出，撒上糖粉。

烹调时间 60分
（放凉的时间除外）

# 英式蛋糕

## Zuppa inglese

中部地方

Zuppa inglese直译过来就是"英国甜汤"，是意大利的一种类似于葡萄酒蛋糕的点心，制作过程中大量使用了利口酒，要像汤品那样用勺子舀着吃。为了让小孩子和无法应对酒精的人也能吃到，可以用巧克力酱代替利口酒。

**原料**

［14cm×14cm×5cm的容器1份］

［松软的蛋糕胚］

鸡蛋…………………… 2个
砂糖…………………… 25g
面粉…………………… 25g
橄榄油……………… 1大匙
香草香精…………… 2~3滴

［蛋奶沙司］

蛋黄…………………… 2个
砂糖…………………… 35g
面粉…………………… 15g
牛奶…………………… 200mL
香草香精…………… 2~3滴
鲜奶油……………… 50mL

巧克力酱……………… 适量

学习正宗的意大利做法！

### 手指饼干也是常见的食材

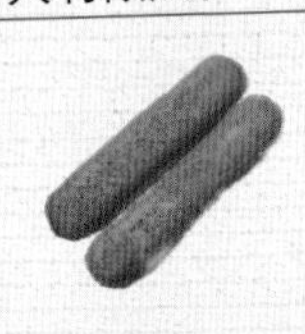

可以使用松软的蛋糕坯作为面饼，但在意大利的提拉米苏甜品中使用的手指饼干也经常被拿来用作面饼的部分。原本酥脆的口感在吸收了沙司之后就会变得润润的，非常美味！请一定要尝试一下。

**1** 制作蛋糕坯。向鸡蛋内加入砂糖打泡至变成接近白色为止，加入筛过的面粉简单搅拌一下，再加入橄榄油和香草香精搅拌均匀。

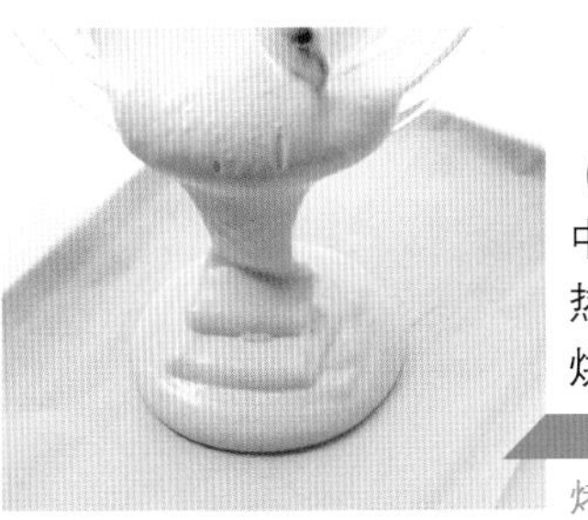

**2** 在铺好屉布的铁方盘（20cm×30cm）中倒入1，放在预热为200℃的烤箱内烘烤大约10分钟。

**要点**

烤箱要事先预热到200℃。

**3** 制作蛋奶沙司。向蛋黄内加入砂糖搅拌至变成接近白色为止，加入筛过的面粉，简单搅拌均匀。

**4** 用小锅将牛奶加热至体温左右，加入香草香精。逐量倒入3中并搅拌均匀。

**5** 将4倒入锅中加热，用木铲细心搅拌，如图所示变为黏稠状时把火关掉。稍微放凉后加入鲜奶油搅拌均匀。

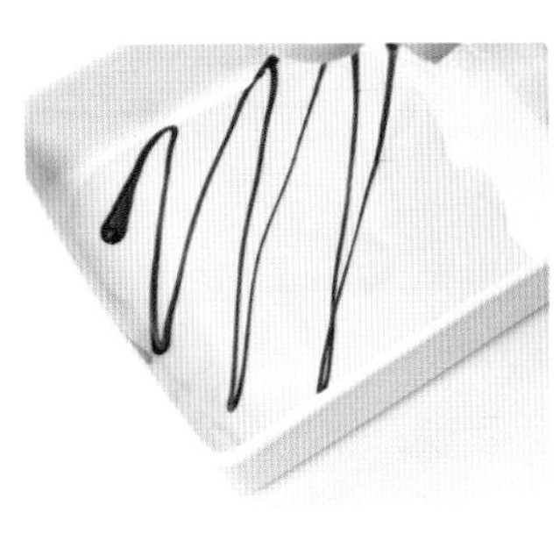

**6** 在容器内倒入5中的蛋奶沙司，上面浇上巧克力酱。

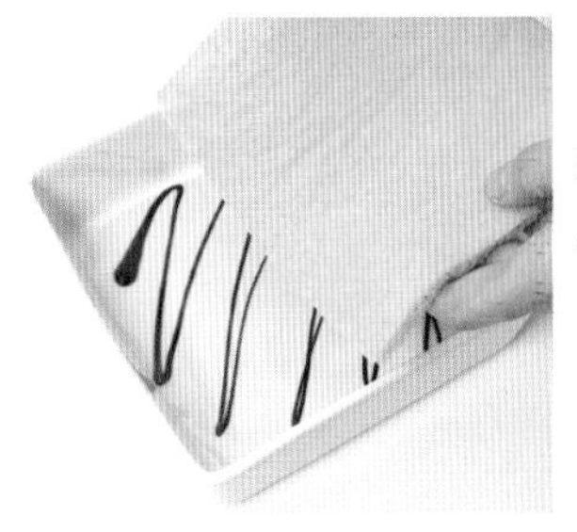

**7** 把步骤2中做好的蛋糕坯切成容器大小，放在6上。

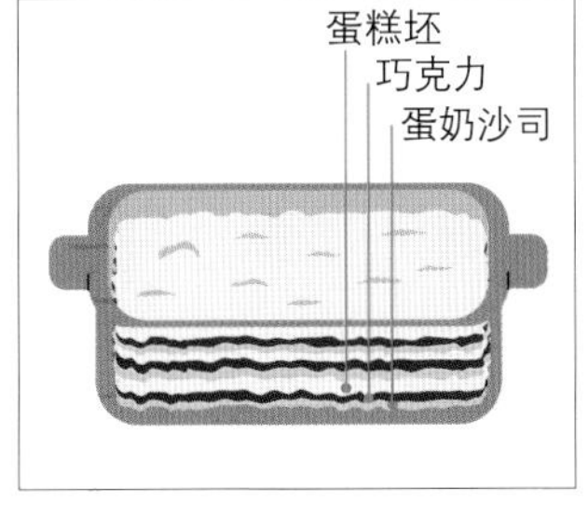


**8** 按照蛋奶沙司、巧克力酱、蛋糕坯的顺序把步骤6~7重复3次，最后在上面铺上一层厚厚的蛋奶沙司。

**9** 最后用橡胶铲把表面抹平，用巧克力酱在上面挤出平行线的形状。

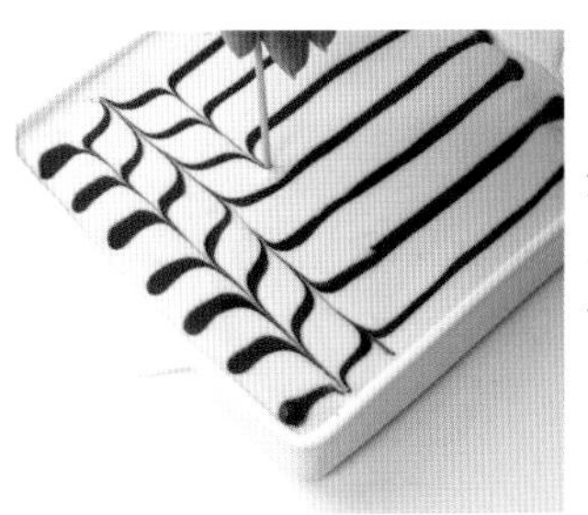

**10** 趁蛋奶沙司和巧克力酱还没干的时候，用竹签沿垂直于平行线的方向划出花纹。

# 意大利杏仁脆饼

Biscotti

中部地方

发源于托斯卡纳地区的意大利代表性的烘焙点心。“bis”是再度的意思，“cotti”是烘焙的意思，正如其名称所示，需要烘烤2次。是一种很有嚼头的点心，不能咀嚼硬东西的人可以将其泡在咖啡、牛奶或葡萄酒里来吃，同样非常美味。

烹调时间 **120**分 （消除余热的时间除外）

原料 [20~22个份]

[松软的蛋糕胚]

鸡蛋……………………… 2个
砂糖…………………… 120g
橄榄油…………………100mL
开心果……………………50g
苦巧克力……………… 100g
杏仁粉………………… 200g
面粉…………………… 200g
发酵粉………………… 1小匙

**1** 碗内放入鸡蛋和砂糖，搅拌至接近白色为止，加入橄榄油继续搅拌。

**2** 将开心果和巧克力切成小块，和杏仁粉、面粉、发酵粉一起加入1中，用橡胶铲以切割的方式搅拌，做成面团。

**3** 弄成宽7~8cm、高1.5~2cm的鱼糕形状，用屉布包好在冰箱里醒30分钟。

**4** 把面团放入铺好屉布的方盘中，用预热为180℃的烤箱烘烤大约20分钟。

**5** 从烤箱中取出，用刷子在表面涂上搅好的鸡蛋，放置一会待余热散去。

**6** 余热散尽以后，切成7~8mm宽的长条形，切口朝上摆放于铺好屉布的方盘中，用预热为150℃的烤箱两面各烘烤15分钟将其烘干。

要点

预先做好的饼干受潮的话，可以放在余热为50℃的烤箱内低温干燥一下，就会像刚做好的饼干那样香脆可口了。

# 水果什锦

Macedonia

发源于西西里地区，有着葡萄酒味道，适合成人的水果宾治。因为使用了各种水果，就好像是多民族聚居的亚历山大大帝统治下的古代马其顿地区，所以就被称作“Macedonia”了。

南部地方

烹调时间 10分

原料［2人份］

鲜橙……………………1个
草莓……………… 5~6个
猕猴桃…………………1个
菠萝（罐头）…………2片
白葡萄酒……………50mL
法国香橙干邑甜酒（柑曼怡）…………………50mL
橙汁………………………
100mL（相当于1个橙子的量）
★也可用100%纯度的橙汁代替
薄荷………………… 适量

1 将鲜橙、草莓、猕猴桃和菠萝切成块。

2 将白葡萄酒、法国香橙干邑甜酒和橙汁放入碗内，混合起来。

3 把1加入2中搅拌均匀，盛入容器中，用薄荷装饰。

要点

水果的种类不限制，可以使用各种水果。如果不喜欢酒精的话，可以多放些橙汁来替代白葡萄酒和法国香橙干邑甜酒。

烹调时间 45分

（放凉的时间和冰镇的时间除外）

# 意大利开心果冰激凌

所谓的“Gelato”就是意大利冰激凌。拥有着从古罗马时代至今的悠久历史，是经典的甜品。因内中包含的空气较少所以稍硬一点，低脂低卡路里。以《罗马假日》中赫本的感觉大口吃起来吧。开心果的香醇味道会在口中蔓延开来。

**原料**［3~4人份］

开心果…………………… 40g
蛋黄……………………… 3个
砂糖……………………… 40g
牛奶…………………… 175mL
鲜奶油………………… 75mL

［饰物］

维夫饼干……………… 适量
开心果………………… 适量

学习正宗的意大利做法！

**种类繁多的意大利冰激凌**

可以用榛子代替开心果，也能做出好吃的冰激凌。加入可可就会变成经典口味的巧克力风味，加入香草香精就会变身为香草口味。盛入容器中浇上热乎乎的意大利浓咖啡，就变成了阿芙佳朵。

**1** 把开心果的壳剥开取出果肉，果肉外侧的薄皮也要细心地剥掉。

要点

薄皮不好剥掉的话，可以用热水泡一下，皮变湿以后就容易剥掉了。

**2** 将1放入搅拌器内或是用研钵捣碎，变成糊状。

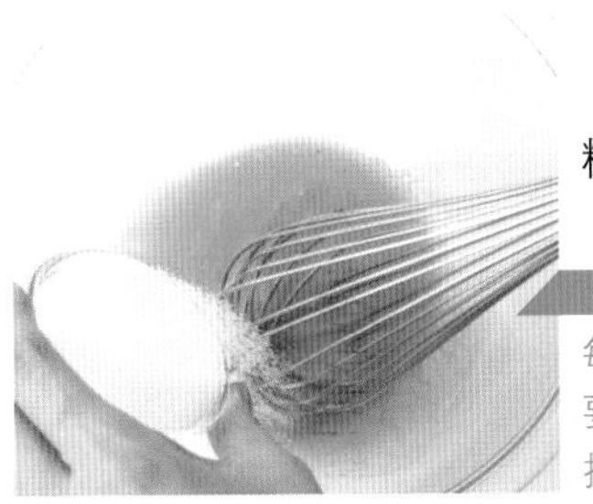

**3** 大碗内放入蛋黄，将砂糖分3次加入。

要点

每次加入砂糖后都要用打蛋器好好搅拌。

**4** 不断搅拌，直至变成如图片那样接近白色的丝带状。

**5** 用小锅加热牛奶至即将沸腾，把热牛奶逐量加入4中，边加入边搅拌。

**6** 加入步骤2中捣成糊状的开心果，搅拌。

**7** 将6倒回锅中，小火加热的同时用铲子不断搅拌。如图那样变成黏稠状以后，关火放凉。

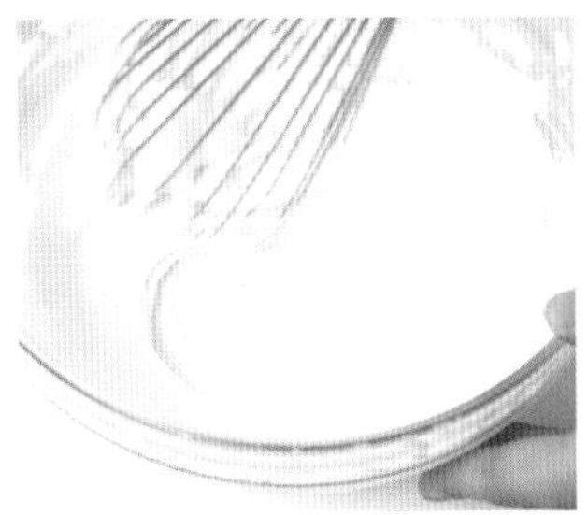

**8** 在另一个碗内放入鲜奶油，用打蛋器打泡至痕迹沾到碗上。

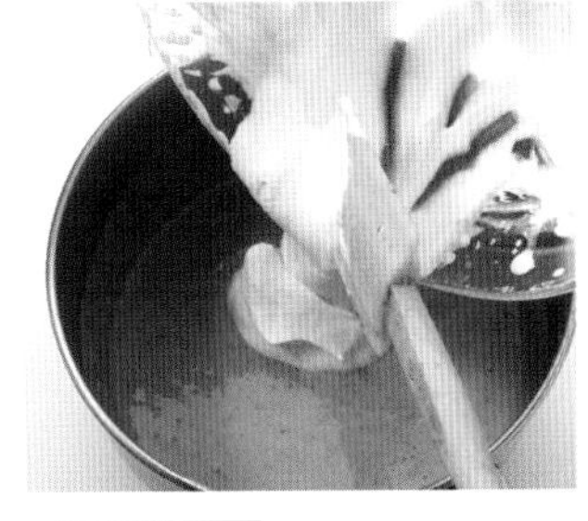

**9** 待7完全冷却后，将8倒入其中搅拌，然后倒入可以冷冻用的容器中，在冰柜中放置3个小时以上使其凝固。

要点

有冰激凌机的人，在这一步骤中将其放入冰激凌机中就算完成了。

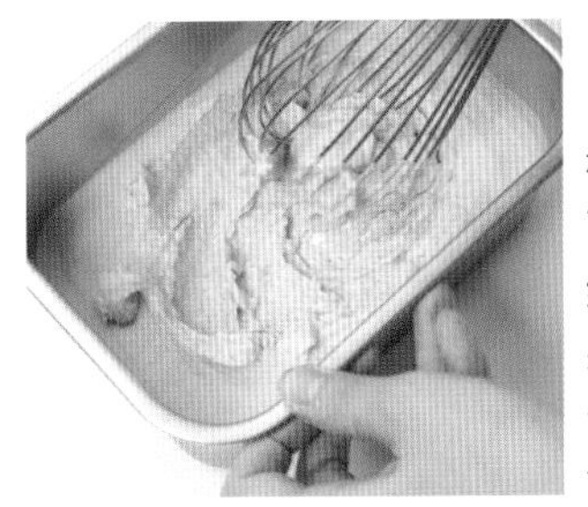

**10** 中途每隔30分钟就从冰柜里取出搅拌几下，容器内放入维夫饼干和开心果，再用切碎的开心果加以装饰。

要点

不充分搅拌而是其中包含了大量空气的话，就会变成沙愣愣的口感了。

烹调时间 **95**分

（消除余热的时间和冰镇的时间除外）

# 可可布丁 Bonet

发源于皮埃蒙特地区的巧克力风味布丁。将味道微苦的杏仁饼干和意式杏仁小圆饼揉碎加入其中，就能享受到和普通布丁稍显不同的口感。这里我们不用难以买到的杏仁饼干，而是用意大利杏仁脆饼来试做一下吧。

**原料**

［直径18cm的天使蛋糕模具一个份］

［焦糖沙司］

砂糖…………………… 50g
凉水…………………… 1大匙
热水…………………… 2大匙

牛奶…………………… 400mL
砂糖…………………… 100g
可可粉（无糖）……… 30g
鸡蛋…………………… 4个
意大利杏仁脆饼（参照p180）………………… 60g

［饰物］

草莓…………………… 适量
薄荷…………………… 适量
鲜奶油………………… 适量

学习正宗的意大利做法！

**可可布丁是用杏仁饼干做成的**

这里我们用比较容易买到的意大利杏仁脆饼来做代替物，但原本可可布丁是用杏仁饼干做成的。它和用杏仁粉和蛋白酥皮烘焙而成的意式杏仁小圆饼有着相似的口感，其特征是稍有点苦味。如果能买到就尝试做一下吧。

1 制作焦糖沙司。将砂糖和1大匙水倒入锅内加热。

2 当糖的颜色变成焦煳色，端离炉火，将加热至体温的热水加入2大匙混合均匀。

3 将2中的焦糖沙司倒入天使蛋糕模具中。

Point
不做成大的形状，只做成小的布丁形状，每人分开做也可以。

4 锅内倒入牛奶加热，当开始出现蒸汽时把火关掉，加入砂糖和可可充分搅拌使之融化。

Point
无须煮开或沸腾。

5 待余热散去后，将事先搅好的鸡蛋加入其中，充分搅拌。

Point
热的时候加入搅好的鸡蛋，鸡蛋就会凝固，因此要等余热散去以后用打蛋器一边搅拌一边倒入锅内。

6 用笊篱将其过滤到大碗里，使其变得滑润。

Point
通过这一道功夫，口感就会变得滑润。

7 将意大利杏仁脆饼弄碎，加入碗中。

8 将7倒入步骤3的模具内，在另外一个稍大一圈的耐热盘中铺上屉布，倒入热水，将模具放入其中，再整个放到方铁盘内，用预热为180℃的烤箱烘烤1个小时。

9 从烤箱中取出后放凉，食用前再将其从模具中取出，切分开。盛到容器中，用切成薄片的草莓，打泡之后的鲜奶油，薄荷加以装饰。

Point
从模具中取出时，首先压住模具边缘，将其和蛋糕中间弄出缝隙。其次要把盘子倒扣在模具上再整个翻转过来，将蛋糕从模具中取出。

# 意式奶油布丁

北部地方

Panna cotta

“Panna=鲜奶油”，“cotta=炖”的意思。来源于皮埃蒙特大区的家庭菜肴，是比较容易制作的甜点。因为加入了牛奶的缘故，口感清爽柔滑。爽口的蓝莓沙司使整体感更强烈。

烹调时间 **40分** （放凉的时间和冰镇凝固的时间除外）

**原料** ［4个份］

明胶粉……………………6g
水……………………1大匙
鲜奶油……………………300mL
牛奶……………………100mL
砂糖……………………40g
马尔萨拉酒……………………2大匙

［沙司］

蓝莓果酱……………………50g
马尔萨拉酒……………………2大匙
柠檬汁……………………1小匙

［焦糖沙司］

砂糖……………………75g
凉水……………………30mL
热水……………………50mL

［饰物］

薄荷……………………适量
草莓……………………适量
猕猴桃……………………适量

**1** 将明胶粉放入1大匙水中，使之变软。

**2** 锅内倒入鲜奶油、牛奶、砂糖和马尔萨拉酒，文火加热，变热后加入1使之溶解，溶解后端离炉火。

**3** 锅底放入冰水中冷却，同时用橡胶铲搅拌。冷却后用长柄勺将其倒入模具内，放入冰箱内冷却凝固。

**4** 制作沙司。锅内放入蓝莓酱、马尔萨拉酒和柠檬汁，加热混合。待混合均匀后，关火，倒入容器内放入冰箱冷却。

**5** 制作焦糖沙司。锅内放入砂糖和30mL水加热，无须搅拌只用文火慢慢加热，等变成黄褐色后端离炉火。一次性加入50mL热水将其溶解稀释，倒入容器内冷却备用。

**6** 待3充分冷却凝固后，将其从模具里倒入盘中，将步骤4中的蓝莓沙司和步骤5的焦糖沙司浇在上面，再配上薄荷叶，周围用切成1cm见方的水果加以装饰。

啊！失败了！

**奶油布丁变成了双层结构了**

在步骤3中，如果没有边冷却边充分搅拌直至变为黏稠状的话，就会因为搅拌不均匀而造成分层的感觉了。

甜品

看上去更好吃

# 摆盘的窍门

作为用餐最后一道程序的甜品，正因为其和菜肴整体印象有着很大的关系，所以一定要在摆盘上下足功夫。下面我们就来介绍一些漂亮的切法以及在饭店里看到的那种比较专业的装饰方法。

以长面条为例

## 意式圆顶蛋糕

➡ p176

只要撒上一些糖粉，就能够使外观的印象一下子变得华丽了。盛入深色的容器中，容器上也撒上糖粉，就是一种文字无法描述的美妙了。

要想切得漂亮，窍门就是要把菜刀用热水烫一下，然后擦掉水汽来切。每切过一刀后都要把菜刀上沾着的奶油擦掉，再次加热、拭干、切分。

圆形蛋糕，最好搭配方盘子，这样更有变化感，也更有时尚的感觉。

单一色调的容器，让人意外的是竟然适合搭配任何一种菜品。正因为其色彩单一，才会使菜品有看起来更加鲜艳的效果。

## 可可布丁

➡ p184

①正因为配上了打好泡的奶油和水果，看上去才会如此的有品位。要先将打成8分好的奶油放入星形金属口的挤压袋中，然后慢慢挤出来。

②将半个草莓切成薄片，放在奶油旁边。让边缘部分稍微重叠在一起摆放，就会体现出立体感。

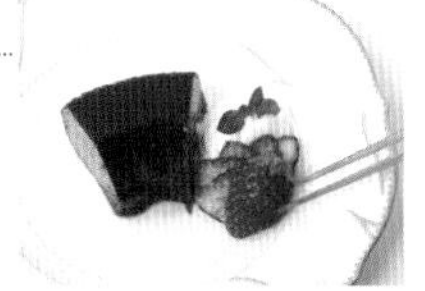

③将薄荷和剩下的半个草莓装饰完成。尖端较细的筷子在这种细微的操作中，用起来更方便。

图书在版编目（CIP）数据

正宗的意大利餐教科书 /（日）青木敦子著；颜冰译. —沈阳：辽宁科学技术出版社，2015.10
ISBN 978-7-5381-9427-2

Ⅰ. ①正… Ⅱ. ①青… ②颜… Ⅲ. ①食谱—意大利 Ⅳ. ①TS972.185.46

中国版本图书馆CIP数据核字（2015）第212870号

---

出版发行：辽宁科学技术出版社
（地址：沈阳市和平区十一纬路29号 邮编：110003）
印 刷 者：辽宁北方彩色期刊印务有限公司
经 销 者：各地新华书店
幅面尺寸：170mm × 240mm
印　　张：11.75
字　　数：100 千字
出版时间：2015 年 10 月第 1 版
印刷时间：2015 年 10 月第 1 次印刷
责任编辑：朴海玉
封面设计：魔杰设计
版式设计：袁　舒
责任校对：栗　勇

---

书　　号：ISBN 978-7-5381-9427-2
定　　价：49.80 元

投稿热线：024-23284367　hannah1004@sina.cn
邮购热线：024-23284502